楽しく学べる BASIC プログラミング

i99-BASICによる計測・制御システム開発入門

西本 澄 著

朝倉書店

まえがき

「コンピュータをもっと簡単に使いたい」,「プログラムを簡単に使いたいが,高価で複雑なツールの導入はいやだ」という一般ユーザの声に応えて,(株)インタフェースからi99-BASICが登場した."i99-BASICは複雑で高度な技術が必要な「プログラミング」というもののハードルをさげ,多くの人が「見て分かる」,「扱う」ことができ,産業界の現場や教育の世界で,短時間で本当にやりたいことを実現できるコンピュータ環境を提供します.また計測制御にも最適です."と謳っている.筆者もC言語でのメカトロ機器やロボットを制御するプログラムの作成のむずかしさを実感しており,早速i99-BASICを使用してみることにした.

私が最初に出会ったBASICは1979年に発売されたBASIC MASTER LEVEL IIであり,メインメモリ16 kB,CPUのクロック速度1 MHz,画面の解像度64×48で,1から10000までの整数の和の計算に60秒を要した.ゲームもブロックくずしのようなものが主流で,プログラムもカセットテープレコーダから数分もかけて読み込み,実行速度も遅かった.しかし,数値計算などのプログラミングを簡単に行うことができ,教育用に導入され始めた.

日本大学理工学部機械工学科においても,いちはやく3年生の工学実験の1テーマとしてBASICによる数値計算を導入した.テーマは,与えられたデータから直線の傾きを求める,連立方程式の解を求めるなどであった.このとき使用したのは,タンディ・ラジオ・シャック社のTRS-80であった.初めての試みで学生も戸惑っていたが真剣そのものだった.

その後,コンピュータの性能の進歩とともにBASICでの計測・制御も普及していったが,コンパイラ言語であるC言語が計測・制御での主流となり,企業での開発のみならず,教育現場でも広く用いられるようになった.しかし,C++,Visual C++などの登場により初心者には手続きなどを含め非常に難解なものになっていった.もともとBASICは教育用に開発されたことを筆者は思い起こし,C言語等の利点をとりこんだi99-BASICに注目した.

約25年前に,盗難防止用のタグの共振周波数を計算するプログラムの設計の依頼を受けた.円形コイルの半径,巻数を数値で入力し,タグの共振周波数を計算するプログラムを作成したが,使用する人がわかりやすいように,さらに必要に応じて使用者がプログラムを変えられるようにN88-BASICで作成した.「BASICは簡単でわかりやすく,使いやすい.」これがBASICに対する筆者の感想である.

いっぽう，30年以上前のマイクロコンピュータTRS-80はキーボード型仕様のコンピュータの後ろにある拡張バスが利用でき，BASICのコマンドにもOUT〈ポート番号〉,〈出力データ〉，INP〈ポート番号〉があり，計測・制御に利用できた．しかし，電子回路を含むインタフェースを自作する必要があり，コンピュータ自身を壊してしまうのではと，おそるおそるの作業だった．そして，デスクトップ全盛の時代になるといろいろな計測・制御用のボードがソフトウェアとともに各社から提供されて，メカトロニクス機器やロボットの制御に使用されてきた．

　今回の（株）インタフェースのディジタル入出力，A/D変換器，ネットワーク機能などを備えたコンピュータの登場で，i99-BASICを用いて思いついたことがすぐに実行できるようになったのは非常にありがたい．計測・制御も簡単であり，いろいろな分野での活用が期待できる．

　第1章では，いまさら"なぜBASIC"ということで，BASICの特長，わかりやすさについて述べ，今回登場したi99-BASICの優れた点について説明する．

　さらにコンピュータの入出力に必要なキーボード，画面表示などの基本構成と必要事項を説明し，i99-BASICのインストールの方法について説明する．i99-BASICはLinux上で稼動するアプリケーションの1つであり，インストールを含め，Linuxを有効に利用すれば非常に便利である．

　第2章と第3章ではBASICで用いられるデータ，定数，変数について，さらにデータ処理を行う四則演算，論理演算子やよく用いられる組み込み関数について説明する．ただし，C言語のように型に対する厳しい制限はないので，読み飛ばしてもらってもよい．

　第4章ではプログラムの作成から実行，保存，印刷までの1通りの流れについて説明し，プログラムの保護などセキュリティにふれる．

　この第4章も含め，第2章から第10章までは基本を重視して，コンソール画面でコマンドを打ち込みながらプログラミングを行っていく．第11章のプログラムエディタを備えた統合開発環境でプログラミングすることもできるので，第4章から第11章に飛んでプログラムの作成の流れを学習したのち，第5章に戻り，じっくりプログラミングおよびコマンドの学習を行ってもよい．

　第5章から本格的にプログラミングについて数々の例題をとりあげながら，よく用いられるコマンドや構文について説明する．

　第6章では，画面表示をよりわかりやすくするためのグラフィック描画関数について説明する．

　第7章では，i99-BASICのもつ機能の大きな特長である計測・制御用関数，コマンドについて計測・制御事例を用いて紹介する．

　第8章ではi99-BASICのもつネットワークインタフェースについて説明し，送受信の方法について説明する．

　第9章では，i99-BASICからデータベースに接続し，利用する基本について概説する．

第10章では，いろいろなアルゴリズムを利用した実用的なプログラムについて紹介する．関心のあるかたは，是非読んでほしい．

　第11章では，プログラム統合開発環境について第5章で扱った例題などをとりあげ，エディタやデバッガの利用方法について説明する．

　本書では，ソルコンN2800シリーズのIUC-P2934（L6），タフコンITC-N3620（L6）を対象としている．ただし，ソルコンシリーズ，タフコンシリーズでは，i99-BASICをユーザがインストールする必要がある．

　終わりに，本書の執筆に際して参考にさせていただいた書籍や文献などの著者ならびに資料を提供していただいた方々に深謝の意を表する．特にi99-BASICおよびコンピュータに関する資料をご提供いただき，本書の内容についてアドバイスいただいた株式会社インタフェースの方々，温かいご配慮とご尽力いただいた朝倉書店の方々に心より感謝する．

　　2015年12月　　　　　　　　　　　　　　　　　　　　　　　　西　本　　澄

本書に掲載されている会社名，製品名は，それぞれ各社の商標または登録商標です．

目　　次

第 1 章　BASIC とは ……………………………………………………………………… 1
1.1　BASIC の特長 …………………………………………………………… 2
1.2　i99-BASIC の登場 ……………………………………………………… 2
1.3　i99-BASIC のインストール …………………………………………… 4
1.4　起動と終了 ……………………………………………………………… 7
1.5　使ってみよう …………………………………………………………… 8
1.6　i99-BASIC の統合開発環境 …………………………………………… 12
1.7　Linux について ………………………………………………………… 12
1.8　アンインストール方法 ………………………………………………… 13

第 2 章　コンピュータで扱う定数，変数 …………………………………………… 15
2.1　文字型定数 ……………………………………………………………… 15
2.2　数値型定数 ……………………………………………………………… 16
　　2.2.1　整数型定数 ……………………………………………………… 16
　　2.2.2　実数型定数 ……………………………………………………… 17
　　2.2.3　論理型定数 ……………………………………………………… 18
　　2.2.4　列挙型定数 ……………………………………………………… 20
2.3　変　　　数 ……………………………………………………………… 20

第 3 章　式と演算 ……………………………………………………………………… 24
3.1　算術演算子 ……………………………………………………………… 24
3.2　関係演算子 ……………………………………………………………… 25
3.3　論理演算子 ……………………………………………………………… 25
3.4　組み込み関数 …………………………………………………………… 26
3.5　演算の優先順位 ………………………………………………………… 28

第 4 章　プログラムの作成 …………………………………………………………… 29
4.1　プログラムの入力 ……………………………………………………… 29
4.2　プログラムの保存 ……………………………………………………… 30
4.3　プログラムの保護 ……………………………………………………… 32

4.4　プログラムの読み出し……………………………………………………………… 36
　4.5　プログラムの印刷…………………………………………………………………… 38
　　4.5.1　別のアプリケーションから Linux の印刷機能を使って印刷する…………… 38
　　4.5.2　i99-BASIC から Linux の印刷機能を使って印刷する………………………… 41
　　4.5.3　印刷イメージを PDF として出力する…………………………………………… 41

第 5 章　コマンドを使ってプログラムを作成してみよう……………………… 43
　5.1　流　れ　図…………………………………………………………………………… 44
　5.2　繰り返し処理………………………………………………………………………… 46
　　5.2.1　FOR ～ NEXT ループ……………………………………………………………… 46
　　5.2.2　WHILE ～ WEND ループ………………………………………………………… 48
　　5.2.3　2 重ループ………………………………………………………………………… 49
　5.3　選択処理（条件分岐）……………………………………………………………… 50
　　5.3.1　IF 文………………………………………………………………………………… 50
　　5.3.2　SELECT CASE 文…………………………………………………………………… 53
　5.4　配　　　列…………………………………………………………………………… 54
　5.5　構　造　体…………………………………………………………………………… 57
　5.6　サブルーチン………………………………………………………………………… 59
　　5.6.1　GOSUB 文…………………………………………………………………………… 59
　　5.6.2　CALL, SUB 文……………………………………………………………………… 60
　　5.6.3　FUNCTION 文……………………………………………………………………… 61
　　5.6.4　特定キーによる割り込み処理（ON KEY GOSUB,
　　　　　 ON STOP GOSUB, ON GOSUB）…………………………………………… 62
　5.7　時刻, タイマーによる割り込み処理（ON TIME$ GOSUB,
　　　　 ON TIMER GOSUB）…………………………………………………………… 62
　5.8　再帰的呼び出し……………………………………………………………………… 64
　5.9　ファイルの入出力…………………………………………………………………… 66
　5.10　並列動作（マルチスレッド）……………………………………………………… 72
　5.11　エラー処理…………………………………………………………………………… 73

第 6 章　グラフィックス………………………………………………………………… 76
　6.1　グラフィック画面への描画………………………………………………………… 76
　　6.1.1　点の描画（PSET 文）……………………………………………………………… 77
　　6.1.2　直線（LINE 文）…………………………………………………………………… 77
　　6.1.3　円, 円弧, 扇形（CIRCLE 文）…………………………………………………… 77
　　6.1.4　長方形（RECTANGLE 文）……………………………………………………… 77
　　6.1.5　文字の描画（DRAWTEXT 文）…………………………………………………… 78

6.1.6　画像ファイルの描画（DRAWFILE 文） ……………………………… 78
　　　6.1.7　図形描画の様式（DRAWSTYLE 文） ………………………………… 78
　6.2　グラフィカル・ユーザインタフェース ……………………………………… 81
　6.3　画面のハードコピー …………………………………………………………… 85

第 7 章　I/O 計測・制御プログラミング …………………………………………… 87
　7.1　ディジタル入出力 ……………………………………………………………… 87
　　　7.1.1　ディジタル入力 ……………………………………………………… 90
　　　7.1.2　ディジタル出力 ……………………………………………………… 91
　　　7.1.3　ビット単位でのディジタル入出力 ………………………………… 92
　7.2　AD 変換 …………………………………………………………………………… 93
　7.3　DA 変換器 ……………………………………………………………………… 97
　7.4　パルス列信号出力 ……………………………………………………………… 102
　　　7.4.1　パルスジェネレータ ………………………………………………… 103
　　　7.4.2　PWM 信号 …………………………………………………………… 105
　7.5　パルス列信号入力 ……………………………………………………………… 107
　7.6　RS-232C 通信 …………………………………………………………………… 109
　　　7.6.1　送　信 ………………………………………………………………… 111
　　　7.6.2　受　信 ………………………………………………………………… 113
　7.7　パワーオン ……………………………………………………………………… 115

第 8 章　ネットワークの利用 ……………………………………………………… 116
　8.1　BASIC 専用コマンドによるネットワーク通信 ……………………………… 117
　　　8.1.1　基本的な送受信（NWOPEN, NWRECV$, NWSEND, NWCLOSE） ……… 117
　　　8.1.2　受信待機時間の設定（NWRECVTIME） ………………………… 120
　　　8.1.3　受信イベントによる割り込み処理（ON NW GOSUB） ………… 121

第 9 章　データベースの利用 ……………………………………………………… 124
　9.1　データの抽出 …………………………………………………………………… 125
　9.2　データの追加 …………………………………………………………………… 127
　9.3　データの修正 …………………………………………………………………… 128
　9.4　データの削除 …………………………………………………………………… 129

第 10 章　実用的なプログラムの作成 …………………………………………… 130
　10.1　直線の傾きを求める ………………………………………………………… 130
　10.2　ハフ変換で直線を検出する ………………………………………………… 134
　10.3　グレイ符号からバイナリ符号に変換する ………………………………… 136

10.4　乱数を利用する………………………………………………………………… 138
　　10.4.1　サイコロの目……………………………………………………………… 139
　　10.4.2　モンテカルロ法による円周率の計算…………………………………… 142
10.5　ハノイの塔にチャレンジ……………………………………………………… 143
10.6　並べかえを行う………………………………………………………………… 145
10.7　信号のサンプリングを行う…………………………………………………… 150

第 11 章　統合開発環境を利用してみよう……………………………………… 156

11.1　統合開発環境…………………………………………………………………… 156
　　11.1.1　起動画面……………………………………………………………………… 156
　　11.1.2　メニュー……………………………………………………………………… 158
　　11.1.3　ボタンエリア………………………………………………………………… 163
11.2　統合開発環境の使用方法……………………………………………………… 163
　　11.2.1　プログラムの入力…………………………………………………………… 163
　　11.2.2　プログラムの編集…………………………………………………………… 168
　　11.2.3　プログラムのデバッグ……………………………………………………… 173
　　11.2.4　検索機能を利用する………………………………………………………… 180
　　11.2.5　グラフィックスを利用する………………………………………………… 183

コラム

COLUMN_01　BASIC による数値計算………………………………………………… 14
COLUMN_02　HIBERNATE コマンドによるシステムの休止と再開……………… 42
COLUMN_03　CD で提供された F-BASIC386………………………………………… 75
COLUMN_04　i99-BASIC は，電源ぶち切りが可能………………………………… 86
COLUMN_05　i99-BASIC でロボットを動かす……………………………………… 115
COLUMN_06　16 方位の風向をグレイ符号で表す…………………………………… 155
COLUMN_07　BASIC でロボットを動かす…………………………………………… 183

付録　i99-BASIC コマンド一覧……………………………………………………… 184

標準コマンド………………………………………………………………………… 184
IO コマンド…………………………………………………………………………… 188

第1章
BASIC とは

　BASIC は約 50 年前にアメリカのニューハンプシャー州のダートマス大学でコンピュータ教育のために開発された言語で，Beginner's All-purpose Symbolic Instruction Code の頭文字をとり，BASIC と命名された．日常生活で用いられる平易な表現を用いるため初心者（Beginner）にもわかりやすく，初期のパーソナルコンピュータのプログラミング言語にも BASIC が採用された．図 1.1 は筆者が 1980 年に購入した BASIC MASTER LEVEL 2 である．現在でも 1 年次のゼミナールで 1 から 10000 までの和を計算させ，30 年余りの間のコンピュータ技術の進歩がいかに素晴らしいものかを実感させている．

　BASIC はインタプリタ言語であり，処理速度が遅いというイメージがあるが，現在の CPU の処理速度は速く，実時間処理も期待できる状況にある．約 30 年前には BASIC 言語が広く活用され，多くの実用的なアプリケーションが開発され，BASIC 言語を再び利用できればその資産を十分に活用できる．

　このような状況下で，「コンピュータを簡単に使いたい」，「高価で複雑なツールの導入を避けたい」という声にこたえて，（株）インタフェースから高機能計測制御ソフトウェア "i99-BASIC" が提供された．従来の複雑で高度な技術を要する「プログラミング」へのハードルを下げ，多くの人が「見て分かる」「扱える」，特に産業界や教育の現場で，短時間でやりたいことを実現できるコンピュータ環境が開発された．

図 1.1　BASIC MASTER LEVEL 2（日立製）

本章では，コンピュータのプログラミング教育のために開発された BASIC の特長についてまとめたのち，新たに（株）インタフェースにより開発された i99-BASIC の特長について説明する．

1.1 BASIC の特長

①プログラミングが簡単である．

ユーザ自身がプログラミングし，情報処理，事務的な処理，実験データの整理などを行うのが，理想である．しかし，コンピュータの高性能化とアプリケーションの高機能化にともない，プログラミングのために高度な知識や高価なツールが必要となってきた．

②電源 ON ですぐ動作，BASIC 以外は不要，すぐに使える．

電源 ON とともにプログラムの作成，編集，プログラムの実行が可能である．BASIC はインタプリタ言語であり，C 言語のようにリンク，コンパイルなどむずかしく煩雑な作業が不要で，プログラムがすぐに実行できる．

③わかりやすい．

BASIC はソースを見て内容がわかりやすく初心者が習得しやすい言語であり，現在でもプログラミングの導入教育に使用されている．プログラムを書いてみて，すぐに実行することができ，プログラムの修正による変化もすぐに確認できるので，自然にプログラムが作成できるようになる．

コマンド名をみるとどのような機能をもつコマンドであるか想像でき，これらの分かりやすいコマンドを組み合わせてプログラムを作成することができる．

初期の BASIC のインタプリタは ROM（Read Only Memory）に格納されて提供され，ハードウェアの異なるコンピュータ上で利用された．わが国でも，構造化 BASIC，10 進化 BASIC などが開発されたが，コンパイラ言語である C 言語の普及に伴い，大学でのプログラミング教育や企業でのプログラム開発においても C 言語が用いられるようになった．

ハードウェアの異なるコンピュータで移植性があることが C 言語の特長であるが，そのプログラミング開発を行うためのツールは高度化し，初心者には敷居が高いものとなった．特に計測・制御分野では異なるハードウェアシステムを統合する技術が求められるなど，プログラミング技術が高度になればなるほど，大学における学生への情報基礎教育との間にギャップを生じてきた．

1.2 i99-BASIC の登場

i99-BASIC をコンピュータにインストールするだけでプログラムの開発からテスト，現場での運用まで行うことができ，コスト，時間の省力化になる．このようにいえるのは i99-BASIC がハードウェアと一体化された BASIC であるという点にある．多くの計

測・制御ボードを開発してきた（株）インタフェースの計測・制御ハードウェアをベースにした BASIC コンピュータシステム上で i99-BASIC は動作する．それでは，この i99-BASIC の特長をみてみよう．

①自由度と拡張性がある．

i99-BASIC はコンピュータを使っていろいろな業務を実現できる環境を備えており，プログラミングを楽しく，より簡単にすることで初心者でもコンピュータを活用できる．自分自身が作成したプログラムにさらに自由に機能を追加したり，変更したりできる．大規模なデータベースとの連携や帳票作成などの機能をもち，事務・生産分野での活用も可能である．

② I/O 制御が簡単である．

通常，I/O 機能を利用する場合，ドライバなど特別なソフトウェアが必要となるが，i99-BASIC ではコマンド 1 つで I/O 機能を利用できる．電源 ON でプログラムを自動起動でき，計測・制御装置としても動作させることができる．

③統合開発環境を備えている．

プログラムエディタ・デバッガが内蔵され，プログラムの作成・編集・実行・保存を効率よく行うことができる統合開発環境を備えている．特に，デバッガはプログラムの流れ，実行中の変数の値の動きを追いかけたりすることができる強力な支援ツールであり，プログラミングに少し慣れてこのツールを利用することにより，プログラミングの学習効果をいっそう高めることができる．

④セキュリティ対策が講じられている．

インタプリタ言語はプログラムソースが第三者により書き換えられたり，削除されたり，コピーされたりすることが欠点とされていたが，パスワードによるソースコードの保護機能により，これらに対するセキュリティ対策が講じられている．

⑤グラフィックスが充実している．

図 1.2　IUC-P2934（L6）による BASIC システム

テキスト画面とグラフィック画面を重ね合わせたコンソール画面に加えて GUG のコマンド群により最大 16 のウィンドウを開くことができ，ビジュアル化されたわかりやすく美しい画面表示を実現できる．

そのほか，プログラムの再帰呼び出し，マルチスレッド機能を備えている．さらに BASIC 言語でインターネットインタフェースを利用することも可能である．

このようにプログラミングが楽しく，簡単に自学自習でき，計測・制御も簡単，自由度と拡張性にも優れており，i99-BASIC は教育，生産現場での活用にぴったりの言語である．

以上，i99-BASIC が動くコンピュータシステムは従来からの標準入出力装置（キーボード，マウス，ディスプレイ，プリンタ）を備えたシステムと計測・制御で多く使われる組み込みコンピュータ機能をあわせもつコンピュータシステムであることを説明してきた．図 1.2 は豊富な I/O 機能を搭載したソルコン用のコンピュータで，型番は IUC-P2934（L6）である．

1.3　i99-BASIC のインストール

i99-BASIC をインストールできるコンピュータは Interface Linux System 6 が入っており，たとえば，IUC-P2934（L6）のように型式のなかに L6，K6 と記載されているコンピュータである．図 1.3（a）に示すように IUC-P2934（L6）の前面右側に DC 電源入力端子があり，真ん中付近にアナログ RGB 端子があり，ディスプレイに接続できる．背面（裏側）には，図 1.3（b）に示すように左側に電源スイッチがあり，さらに隣に 4 つの USB コネクタがあり，キーボード，マウスを接続できる．USB メモリを介してファイル等の外部機器での利用が可能である．

① （株）インタフェースのウェブサイト（http://www.interface.co.jp/i99_basic/index.asp）から GAB-9901 というソフトウェアを USB メモリにダウンロードする．ただし，

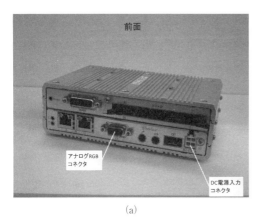
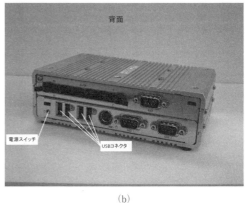

図 1.3　IUC-P2934（L6）の前面（a）および背面（b）

パッケージをダウンロードするためにはウェブサイトからユーザIDの登録を完了していなければならない．

②ダウンロードしたファイルの入ったUSBメモリをコンピュータに接続し，Linuxのメニューの「アプリケーション」＞「アクセサリ」＞「システムターミナル・スーパーユーザーモード」を選択し，ターミナルを起動する（図1.4）．

③ダウンロードしたパッケージファイルを任意の場所で解凍する．

（1）USBメモリがLinuxのどこにマウントされているかdfコマンドで調べる．

```
#df
```

dfはディスクの使用状況や使用割合を表示するコマンドである．

たとえば，図1.5のような表示から，/dev/sda1/4ED2-1B29にマウントされているこ

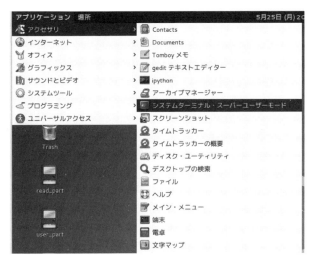

図1.4　「システムターミナル・スーパーユーザモード」を選択

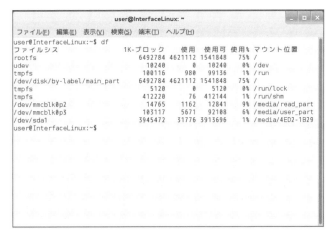

図1.5　dfコマンドの実行

図 1.6　解凍後の USB メモリ内のファイル

図 1.7　インストール開始後の画面表示例

とがわかる．

(2) ダウンロードしたファイルのあるフォルダに移動する．

```
#cd /media/4ED2-1B29
```

cd はカレントディレクトリの移動を行うコマンドである．

(3) ダウンロードしたファイルを解凍する．

```
#tar xzvf gab9901_031008.tgz
```

tar コマンドはダウンロードした圧縮アーカイブファイル gab9901_031008.tgz を解凍するコマンドである．図 1.6 に解凍後の USB 内のファイルを示す．

解凍後の USB メモリのなかに「install」という名前のファイルがあることを確認し（図 1.7），

```
# bash install
# reboot    （システムを再起動する）
```

を実行する．

このコマンドにより，コンピュータは再起動し，その後，i99-BASIC が起動する．

1.4 起動と終了

それでは早速，電源を入れてみよう．IUC-P2934（L6）の場合，約 1 分で図 1.8 のような表示が画面上部に出る．

```
i99-BASIC,version 3.10-08
Copyright 2013,15 Interface Corporation.All rights
reserved
```

i99-BASIC を終了する場合は SHUTDOWN コマンドを実行する．電源を OFF（ぶち切り）にしても特に問題はない．電源の ON/OFF は，電源スイッチをボールペン状のもので押すことによっても可能である．

QUIT コマンドを実行すると Linux へ移動する．マウスのカーソルを表示画面中央上部に移動させ，図 1.9 に示すように root のところを左クリックし，シャットダウンを選択しクリックすればよい．

図 1.8　i99-BASIC の立ち上がり画面

図 1.9　Linux へ移動

1.5　使ってみよう

　実際にコマンドやプログラムを入力する前に，コンピュータに必要な入出力機器（コンソール）について簡単に説明しておこう．電源 ON とともに立ち上がった画面をコンソール画面といい，コマンド入力，プログラム実行，プログラムリスト表示，プログラム編集を行うことができる．

　コンソールとは，キーボードとディスプレイなどで構成される入出力装置を指し，コンピュータに必須のものである．

①キーボード

　人間からコンピュータに意思や情報を確実に伝達する手段として，キーボードが最も多く用いられる．キーボードに並ぶ数字，アルファベット，記号を用いて，コンピュータに理解できるコマンドをキーボードに並んだたくさんのキーの中から 1 つずつ適切なものを選んで打ち込む．

　図 1.10 は入力に用いられる一般的なテンキー付きのフルキーボードである．機種により配置，刻印が異なるので注意してほしい．キーボード上部に配置されている 12 個のファンクションキーに対応してコンソール画面の下部にファンクションキーボタンが配置され，よく用いるキー操作が簡単になる．

　たとえば，P R I N T とキーボードから 1 文字ずつ打ち込むこともできるが，ファンクションキー F3 を押すことにより，

```
PRINT
```

と入力でき，表示される．ファンクションキーを押した際の表示内容についてはユーザが任意に変更できる．

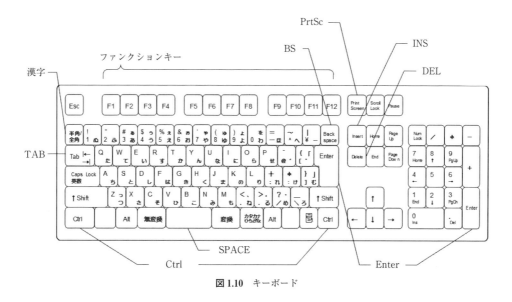

図 1.10 キーボード

　キーボードから間違った文字を入力した場合には，BS（Back space）キーでカーソル位置の左側の文字を消すことができ，DEL（Delete）キーでカーソル位置の文字を消すことができる．

　文字と文字の間に文字を挿入するときにはINS（Insert）キーを用いると，カーソル位置の右にキー入力された文字が挿入される．INSキーが有効でない場合には，入力した文字が上書きされる．

　改行を行う場合やコマンドを打ち込んで実行する場合にはEnterキーを押す．

　さらに，日本語文字の全角漢字を使う場合には，数字キー1の左側にある半角／全角漢字キーを押すと入力が可能になる．もう一度押すとのの半角入力のモードとなる．Windowsでは ALT + 半角／全角漢字 キーで全角漢字文字の入力との切り替えが行われるが，ALT キーは使用しない．

　i99-BASIC のコマンド入力では，大文字と小文字の識別は行わず，内部ではすべて大文字として扱われる．ただし，フォルダ，ファイル名については拡張子も含めて大文字と小文字は識別される．

②ディスプレイ

　コンピュータから人間に情報を伝達するためには表示装置が必要となる．計算結果や文字，グラフ，いろいろな図形を画面に表示し，表示した内容をプリンタにより紙に印刷して配布することなどにより情報の共有化が可能となる．現在はほとんどのディスプレイが液晶ディスプレイであり，高解像度化が進んでいる．

　コンソール画面には，テキスト表示用のビデオラム（VRAM）とグラフィックス表示用の VRAM が独立して存在し，2 つの画面を重ねあわせこともできる．したがって，それぞれの画面は，別々に，あるいは同時にクリア（消す）することができる．また，i99-

BASICでは接続されたディスプレイの画素数を自動認識し，テキスト画面の文字数と行数，またグラフィック画面の縦横の解像度が決まる．

さらに，コンソール画面の中にウィンドウを開き，コンソール画面と独立した窓のなかに文字や画像の表示を行うことができる．テキストについてもグラフィックスとして表示され，コマンドの頭にGUG，あるいはGUをつけて実行する．

③コマンド

よく使うコマンドは，次章以降で説明するが，BASICで使用するコマンドは「このコマンドを実行するとこんなことができそうだ」と直感できる，わかりやすいコマンド名が用いられている．

PRINTは後ろに続く文字や数値を画面に表示するコマンドである．PRINTコマンドを実行することにより，簡単な計算ができ，電卓のかわりになる．i99-BASICはインタプリタ言語であり，すぐに実行し，結果をみることができるのが大きな特長である．

たとえば，

```
PRINT 10+8  Enter   （＋は加算の演算子である）
```

と入力すると次のように出力される．

```
18
OK
```

さらに，次のような使い方もできる．

```
A=10       Enter
B=8        Enter
PRINT A*B  Enter   （＊は×，積の演算子である）
```

この場合，

```
80
OK
```

となる．

i99-BASICの1つの特長であるハードウェアの入出力（I/O）のチェックも次のコマンドを実行することにより簡単にできる．

ディジタル出力に負荷を接続して，ポート番号から1を出力するときには，次のように打ち込めばよい．

```
DOOPEN
DOPORT(1)=1
```

この結果を直接LEDの点灯で，あるいはディジタルテスタで電圧信号の大きさでチ

ェックできる．

　DA 変換器の 1 チャンネルからアナログ信号を出力させる場合，

```
AOOPEN
AOPORT(1,-10,10)=3.0
```

とすると，ポート番号 1 の端子の出力電圧が 3.0 V となる．このようにコマンド 1 つで，入出力 I/O のハードウェアのテストを行うことができる．

　BASIC には多くのコマンドが用意されているが，最初からすべてのコマンドを覚える必要はなく，一部の必要なコマンドを使って簡単なプログラムを作成することができる．今度は「このような計算をしたい」，「このような表現をしたい」とプログラムを書いていくにつれて，いろいろなコマンドが使えるようになる．

　コマンドの種類として，表示，入力，変数，演算，文字列操作，ファイル操作，分岐，ループ，配列などがあり，「i99-BASIC コマンドリファレンス（標準コマンド編）」に記載されている．また，I/O 計測・制御コマンドについては「i99-BASIC コマンドリファレンス（IO コマンド編）」に記載されている．これらを参照すれば，どのようなコマンドがあるかわかる．標準コマンド，IO コマンドについては付録のコマンド一覧に掲載している．

④プログラム

　複数のコマンドをつなぐことで，ユーザが目的とする意味のある処理や動作を行わせることができ，これをプログラムという．BASIC ではコマンドの前に行番号（第 4 章を参照）をつけることでプログラムの 1 行として扱われ，RUN コマンドを実行すると行番号の順番にコマンドが実行される．

　たとえば，PRINT 10+8 と入力した後，Enter を押すと計算結果が表示されるが，これをプログラムとして実行する場合には，

```
100 A=10
110 B=20
120 PRINT   A+B
130 END
```

と入力し，RUN コマンドを実行する．

図 1.11　プログラムの状態図

通常時，プログラムは終了状態にあり，RUN コマンドを実行すると，実行状態に遷移する．「END」または文末に到達すると終了状態に戻る．プログラム実行中に Pause/Break キーなどでプログラムの途中で中断させるとき，「停止状態」に遷移する．プログラムの実行をさらに継続する（実行状態に戻す）場合には Cont キーを押す．これらの状態を表したものが図 1.11 である．

1.6　i99-BASIC の統合開発環境

最後に，図 1.12 に示す統合開発環境についてふれておく．画面左下のボタン IDE（Integrated Development Environment）をクリックすると，ユーザによっては慣れ親しんだ統合開発環境の画面となる．

IDE はソフトウェアの開発環境の 1 つで，Quick BASIC や C 言語などの開発においてコンパイラ，テキストエディタ，デバッガなど，それぞれ別々に利用されていたものを統合したものである．統合開発環境を使うことによって，より大きな複雑なソフトウェアでも，プログラム作成者に負担をかけることなく開発することが可能になる．

プログラミングの基本は，コマンドをしっかりと積み重ねていき，「習うより，慣れろ」である．しかし，少し複雑なプログラムを作成する場合には，デバッグに時間をとられたりして袋小路に迷い込んでしまう場合がある．IDE はプログラムの流れ，変数の動きを理解したりするのに非常に有用であり，本格的にプログラミングの学習を行うための最適なツールを備えている．統合開発環境については改めて第 11 章でとりあげる．

1.7　Linux について

どんなメーカのハードウェアでもアプリケーションが同じように動作する環境を提供

図 1.12　統合開発環境画面

図 1.13 Linux のアプリケーション

するのが OS の基本的役割であり，Linux もこの OS の 1 つである．また，Linux は複数のプログラムが同時に実行されているように見える（CPU が各処理プログラムを切り替えて実行している），「マルチタスク」の OS である．i99-BASIC は Linux（厳密には OS の中核部分のプログラム）上のアプリケーションの 1 つであり，並列処理が可能である．

　i99-BASIC をインストールするときに Linux 上での作業が必要なことはすでに述べたが，実際に Linux でどのようなことができるのかを知っていると便利である．LibreOffice，ウェブブラウザ，OA・個人向けアプリケーションがインストールされており，Windows からの置き換えにも対応できる数多くのソフトウェアが公開されている．これら Linux 上のアプリケーションを利用することにより，よりコンピュータの世界が広がる．図 1.13 に示すようなソフトウェアが準備されている．

1.8　アンインストール方法

　i99-BASIC をアンインストールして，Interface Linux System 6 が起動する環境に戻す手順を以下に示す．

　Alt + Ctrl + → キーを押下して Linux の画面に移動し，メニューの「アプリケーション」＞「アクセサリ」＞「システムターミナル・スーパーユーザーモード」を選択して，システムターミナルを起動する．

　注）アンインストールを行う場合，read_only_mode_off，reboot を行い，書き込みができる状態にしてから実行すること．

　アンインストールには，アンインストール用のスクリプトファイルを実行する必要がある．アンインストール用のスクリプトファイルは，「/usr/src/interface/［型式］/［アーキテクチャ名］」の中の「uninstall」という名前のファイルである．

①アンインストールするパッケージのフォルダに移動し，型式は基本パッケージ「gabbas001」を指定する．

以下の例は，アーキテクチャ名が「i386」（x86系CPUの32ビット版）の場合である．

```
# cd /usr/src/interface/gabbas001/i386
```

②アンインストールのスクリプトを実行する．

```
# bash uninstall
```

③システムを再起動する．

```
# reboot
```

rebootコマンドにより，コンピュータは再起動され，再起動後はもとのLinuxが起動する．

COLUMN_01　BASICによる数値計算■

BASICは教育用言語として登場した．昭和50年代後半に日大理工学部機械工学科でも3年次の学生実験の1テーマとして数値計算を行うことになり，タンディ・ラジオ・シャック社のTRS-80を十数台導入した．CPUはZ80，メインメモリは16 kB，テキスト画面は64字×16行，グラフィックスは128 × 48画素であった．また，プリンタは放電プリンタ，プログラムの記憶装置はカセットテープレコーダで，転送速度は

図　工学実験の数値計算に用いたTRS-80

500 bps（bits per second）であった．このとき，筆者らは機械工学に関する8つの数値計算のテーマを準備した．

第 2 章

コンピュータで扱う定数，変数

プログラムのなかで使われる数値や文字を格納するためのエリアに英数字からなる名前を対応させたものを変数と呼ぶ．ただし，プログラムのなかで変数を使用する場合，最初に何らかの値を与える必要がある．

定数はプログラム実行中においても変化しない値，文字，文字列のことで，プログラムのなかで変数にこれらの定数が与えられる．変数の初期化も同じことをさす．繰り返しになるが，変数は途中経過や結果を保存しておく場所となる．

たとえば，クラスの学生の成績を処理して，各教科の平均点を求める，「60 点以上であれば合格」,「60 点未満であれば不合格」に対する真，偽を判定するためには算術演算を必要とする．学生の氏名は，文字型定数，各教科の点数は数値型定数である．評価基準となる点数 60 も数値型定数である．

これらの情報処理を行うために与えられるデータは，それぞれ固有の値を持った定数であり，プログラムの実行中に変わらない値である．定数は，図 2.1 のように文字型定数，数値型定数に分類され，定数の表記法は型によってそれぞれ異なる．

2.1 文字型定数

文字型データは，文字の前後を「"(ダブルクォーテーション)」で囲んだデータである．数値も""で囲むと文字型定数となる．たとえば，以下のように示す．

```
"TEST"
"123"
```

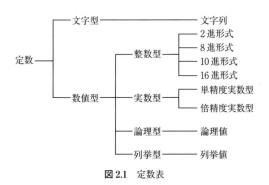

図 2.1　定数表

ここで、「"」はASCII文字のキャラクタコード34（= &H22）であり、定数として用いる場合は、

```
CHR$(&H22)
```

と表記する.

もし、文字列中にダブルクォーテーションを混ぜて用いる場合、たとえば、「TEST」ではなく「"TEST"」を文字列として定義する場合には

```
CHR$(&H22)+"TEST"+CHR$(&H22)
```

とする必要がある．""TEST"" とするとエラーとなる．このように文字型定数は+の演算子を用いてつなぐことができる．たとえば、保存ファイル名にDATという拡張子を加えると

```
"ADDRESS"+"."+"DAT"="ADDRESS.DAT"
```

となる．

2.2 数値型定数

算術演算を行うことができるデータを数値型定数という．数値型定数は、整数型定数、実数型定数、論理型定数、列挙型定数に分類できる．

三角形の底辺の長さと高さを与えて面積を求める場合の三角形の底辺の長さ、高さ、成績処理を行う場合の学生の各教科の点数、成績評価「60点以上であれば合格」、「60点未満であれば不合格」に対する真、偽も1、あるいは0で表される、算術演算できる数値型定数である．本書では、整数型定数、実数型定数、論理型定数を中心に説明する．

◆2.2.1◆ 整数型定数

整数型定数は10進数のほか、2進数、8進数、16進数を扱うことができる．表現形式は異なるが、いずれも同一の値として使用できる．本書では、10進数、2進数、16進数について簡単にふれる．

1) 10進数

32ビットの2進数で表せる整数は

$$-2^{31} \quad \text{から} \quad 2^{31}-1$$

の2^{32}通りで、単精度整数は、

$$-2{,}147{,}483{,}648 \quad \text{から} \quad 2{,}147{,}483{,}647$$

の範囲の整数である．

いっぽう、倍精度型整数は64ビットで表され、その範囲は

$$-2^{63} \quad \text{から} \quad 2^{63}-1$$

であり、

　　　　−9,223,372,036,854,775,808　から　9,223,372,036,854,775,807

となる．

　10進数による整数値表現は人間にとってわかりやすいが，コンピュータ制御等では次に説明する2進数と16進数がよく用いられる．

2)　2進数

　1と0の数字の並びの前に &B をつけて2進数としての表示が可能である．32ビットの範囲内で表すことができる．

　　　&B0　から　&B11111111111111111111111111111111（32個1が並んでいる）

ただし，&B10000000000000000000000000000000　から

　　　　　　&B01111111111111111111111111111111 の範囲

で前に述べたように

　　　−2,147,483,648　から　2,147,483,647

の単精度整数を表す．2進数表現では先頭のビットが1のとき，負の数値を表す場合がある．

3)　16進数

　数値の前に &H を付けた0からFまでの並びで表される．16進数では，

　　　0，1，2，3，4，5，6，7，8，9

までは10進数と同じ0から9までの記号（数字）が用いられるが，10，11，12，13，14，15については，

　　　A，B，C，D，E，F

を用いて表記する．

　単精度型整数として

　　　&H0　から　&HFFFFFFFF

の範囲の整数値を表す．

　例えば，10進数の100は &H64，10進数255は &HFF と表すことができる．

◆2.2.2◆　実数型定数

　単精度型実数は有効桁7桁の精度をもつ

　　　-3.402823×10^{38}　～　3.402823×10^{38}

の範囲の実数である．

　単精度型実数の定数は次の3つの形式で表せる．

　　　3.1415（7桁以下）

　　　3.14!（3.14）

　　　Eを用いた指数形式（7桁以下）

　いっぽう，倍精度型実数は有効桁15桁の精度をもつ，

　　　$-1.797693113486232 \times 10^{308}$　～　$1.797693113486232 \times 10^{308}$

の範囲の実数で，i99-BASICでは，型宣言をしない場合，数値はすべて倍精度型実数として扱われる．

単精度型実数と同様に次の3つの形式で表せる．

  3.1419563（8桁以上）

  3.14#（3.14000000000000）

  Eを用いた指数形式（8桁以上）

たとえば，光の速度 c は，Eを用いた指数形式の表現を用いると，倍精度型で

  2.99792458E + 8

と表され，2.99792458×10^8 である．

数値のあとに「！（ダッシュ）」をつけると単精度型実数，「#（シャープ）」をつけると倍精度型実数となる．

◆2.2.3◆ 論理型定数

事象が真のとき TRUE，偽のとき FALSE でそれぞれ，数値1（0以外の値）と数値0に置きかえて用いる．

たとえば，「試験の成績が60点以上であれば合格」という事象に対して点数の値を A，合格であれば "P"，不合格であれば "D" とするプログラムにおいて点数の値が $A = 80$ とすると

  (A>=60)=TRUE
  (A<60)=FALSE

となる．

プログラムに用いる関数と命令については第3章で扱うが，定数と変数について理解を深めるために，PRINT 文を用いてどのように与えられた定数が画面表示されるかみてみよう．たとえば，2つの定数，定数1と定数2を画面表示するとき，

  PRINT"A=";定数1,"B=";定数2
  PRINT"A=";定数1;"B=";定数2

をよく用いる．画面表示では , 区切りと ; 区切りで次のような表示となる．

  A=3.14159   B=5439.6
  A=3.14159B=5439.6

いっぽう，Aは小数点以下2桁で表したい，Bは整数4桁で表示したいとき，

  PRINT USING "A= #.## B= ####";定数1,定数2

の書式を用いてユーザが画面への表示（出力）形式を決めることができる．この場合，

  A=3.14 B=5440

の表示が得られる．ここで定数1と定数2の区切りは「,」でも「;」でもよい．

次のプログラムは，単精度整数，倍精度整数で表現できる範囲，単精度実数および倍

精度実数の桁精度，論理型定数（TRUE, FALSE）について理解を助けるためのものである．

```
100     '定数の数値表現
110     PRINT USING "INT  ################## ~
        ##################";-2^31;2^31-1
120     PRINT USING "LNG  ################## ~
        ##################";-2^63;2^63-1
130     PRINT
140     PRINT USING "SNG #.######  #.######";
        3.14159563;3.14!
150     PRINT USING "DBL #.#############  #.#######
        ########";3.14159563;3.14#
160     PRINT
170     '論理型定数
180     A=80
190     PRINT A;">=60 ",(A>=60)
200     PRINT A;" <60 ",(A<60)
210     PRINT
220     END
```

プログラムの実行結果を図2.2に示す．

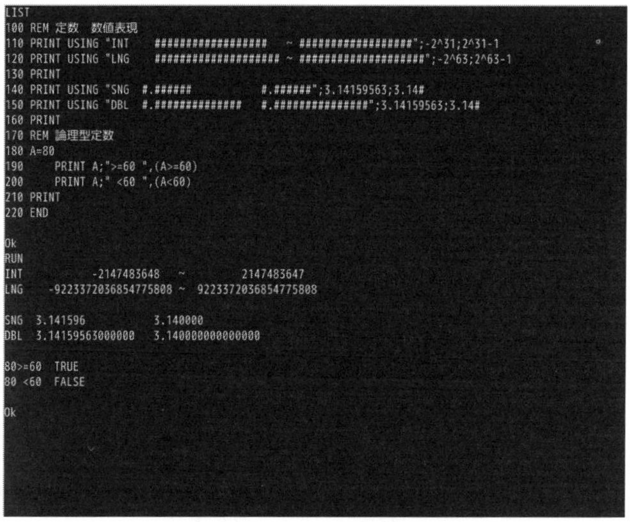

図2.2　プログラムの実行結果

◆2.2.4◆ 列挙型定数

整数型定数を任意の名前で扱うことができるデータ集合である．たとえば，

```
ENUM
    SUNDAY
    MONDAY
    TUESDAY
    WEDNESDAY
    THURSDAY
    FRIDAY
    SATURDAY
END ENUM
```

と定義すると自動的に

```
SUNDAY=0
MONDAY=1
TUESDAY=2
WEDNESDAY=3
THURSDAY=4
FRIDAY=5
SATURDAY=6
```

の値が割り当てられる．

2.3　変数

　変数の型にも定数と同様，入力データに応じた型がある．変数の分類について図 2.3 に示す．変数に文字や値を与える場合，代入文や INPUT 等を用いるが，いずれの場合にも変数の型は入力データの型と一致している必要がある．

　変数はプログラムのなかでデータを格納しておく入れもので自由に名前をつけること

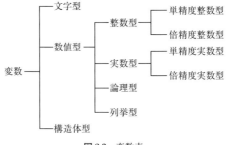

図 2.3　変数表

ができる.予約語そのものは使用できないが,予約語を含む名前の変数は使用できる.変数名は英文字で始まる英数文字と「＿（アンダーバー）」で組み合わせた可変長の文字列で表す.基本的に1文字でも異なれば別の変数名として解釈され,特に長さに制限はない.

* 予約語とはプログラミングを行うとき,変数名や関数名として自由に使えない単語のことをいう.プログラミング言語において定義されているコマンドや命令などは同一名の変数が存在するとソースコードを正しく解釈できなくなるので,あらかじめ予約されている.

変数の型も定数の分類と同様に分類される.変数に値を代入する場合,変数の型と代入するデータの型は一致していなければならない.特に文字型変数の場合,最後に\$を付けて数値型変数と区別する.

たとえば,

　　数値型変数A　　　　A=1.0
　　文字型変数A\$　　　 A\$="1.0"

と区別される.

数値変数に値を代入する前は数値変数の値は0,文字変数の場合は空の文字列とみなされる.変数を扱うコマンドとして,DIM,DEFINT,DEFSTRなどがある.DIMは変数の入れものの大きさを定義し,DEFINT Aは変数の頭文字がAであれば単精度の整数,DEFSTR Bは変数の頭文字がBであれば文字列であることを定義するコマンドである.

たとえば,配列変数D（0）からD（5）を定義するとき,

```
DIM D(5)
```

Aで始まる変数を単精度整数と定義するとき,

```
DEFINT A
```

Bで始まる変数を文字型変数と定義するとき,

```
DEFSTR B
```

と与える.このときD（0）からD（5）は,すべて0,A1 = 0,B\$ ="",B1 ="" となる.たとえば,変数B1も頭文字がBなので文字型変数として定義できるが,できるだけ\$をつけ,わかりやすいプログラムにするほうがよい.

それぞれの変数について型の定義のみを行った場合に変数にどのような数値,あるいは文字が格納されているのか,PRINT文による画面表示で確認してみよう.

```
100    '定義のみを行った場合の変数の値
110    DIM D(3)
120    PRINT "D(2)のみ数値を代入"
```

```
130   D(2)=1.5
140   PRINT USING "D(0)=##.#, D(1)=##.#, D(2)=##.#,
      D(3)=##.#";D(0);D(1);D(2);D(3)
150   PRINT
160   DEFINT A
170   PRINT "A2のみ数値を代入"
180   A2=23
190   PRINT USING "A1=##  , A2=## ";A1;A2
200   PRINT
210   DEFSTR B
220   REM B1$のみ文字333を代入
230   B1$="333"
240   PRINT "文字列の内容と文字数を表示"
250   PRINT "B$=";B$,"B1$=";B1$
260   PRINT "B$=";LEN(B$),"B1$=";LEN(B1$)
270   END
```

プログラムの実行結果は図 2.4 のようになる．

以上，数値型変数と文字型変数それぞれについて説明を行ってきた．

ところで，ある集合のメンバー MEMBER の個人情報 PERSONALINFO という変数名で ID（数値）および氏名 NAME$（文字列）と年齢 AGE（数値）を 1 つの関連づけたデータとして表現できれば非常に便利である．このように，互いに関連し型の異なるデータをまとめて表現することができ，これを構造体型変数と呼ぶ．簡単な例を次のプログラムで示す．

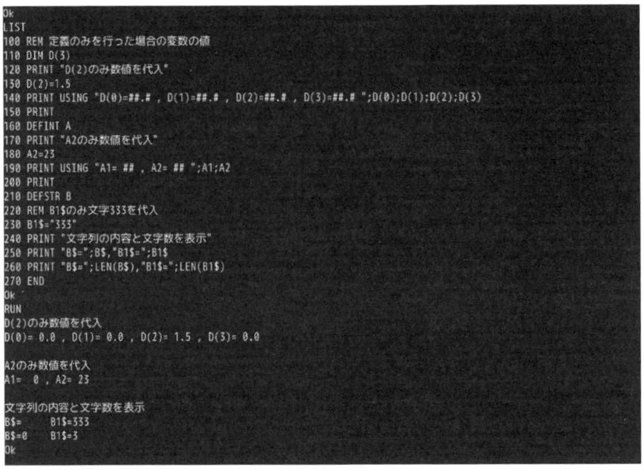

図 2.4　プログラムの実行結果

```
DEFINE STRUCT PERSONALINFO
   ID
   NAME$
   AGE
END STRUCT
```

の定義をへて,

```
STRUCT PERSONALINFO MEMBER
   MEMBER.ID=1
   MEMBER.NAME$="KIYOSHI"
   MEMBER.AGE=64
```

として,数値データと文字列データを1つの構造体型変数として扱うことができる.複数のMEMBERを登録する場合には,MEMBERを後で述べる配列変数として宣言すればよい(第5章5.4節を参照).

第3章
式と演算

　数値データ，文字列データは，プログラムのなかに直接表記したり，キーボードから入力したり，USB メモリなどの外部記憶装置から読み込まれ，プログラムで演算処理され，その結果を画面に表示したり，外部記憶装置に出力したり，印刷装置へ出力する．

　プログラムのなかでの演算処理には，いろいろな数式が用いられる．式は定数や変数を演算子で結合した一般的な数式や，単に文字や数値あるいは変数だけのものをいう．

　BASIC の演算子は①算術演算子，②関係演算子，③論理演算子，④組み込み関数，に分類できる．

　BASIC は，加減乗除，指数演算，剰余算などの算術演算子，大小関係を処理する関係演算子，論理和や論理積を実行できる論理演算子のほかに，多数の組み込み関数（標準関数）をもち，これらの関数を用いていろいろな情報処理を行うことができる．

　さらに，本書で説明する（株）インタフェースの i99-BASIC はこれら組み込み関数（標準関数）に加え，I/O 計測・制御のための関数をもち，簡単にディジタル信号やアナログ信号の入出力や，通信回線やネットワークを介してデータの送信・受信を行うことができ，コンピュータシステムによる計測・制御，生産管理などへの応用を簡単に行うことができる．

3.1 算術演算子

　三角形の面積の計算を求めるためにどのような関数が必要か考えてみよう．図 3.1 に示すような 3 つの辺の長さ a, b, c の三角形がある．たとえば，底辺 c と高さ h が与えられるとき，三角形の面積 S は

$$S = \frac{c \times h}{2}$$

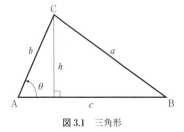

図 3.1　三角形

表 3.1　算術演算子

演算内容	記号	例
加算	+	X + Y
減算，負号	-	X - Y
乗算	*	X * Y
整数の除算	\	A ¥ B
実数の除算	/	X / Y
指数演算	^	X ^ Y
剰余算	MOD	A MOD B

3.2 関係演算子

次に，適当な 3 辺の長さ a, b, c を与えてヘロンの公式を用いて三角形の面積 S を求める場合について考えてみよう．しかし，この場合，プログラムを作成するときに a, b, c の大小関係を調べる必要がある．たとえば，図 3.1 からも明らかなように三角形の頂点 A から頂点 C までの移動距離は頂点 A から頂点 B を経由して頂点 C に行くより必ず短い．すなわち，a, b, c の長さをもつ三角形が存在するためには，

$$a+b>c, \quad b+c>a, \quad c+a>b$$

の 3 つの条件が成り立たねばならない．面積を計算する前にこの 3 辺の長さをもつ三角形が存在するかチェックする必要がある．BASIC は大小関係（不等式）をチェックする関係演算子を備えており，表 3.2 に関係演算子を示す．

3.3 論理演算子

3 辺の長さ a, b, c の三角形が存在するためには

$\quad$ X $= (a+b>c)$ が真（TRUE），

$\quad$ Y $= (b+c>a)$ が真（TRUE），

$\quad$ Z $= (c+a>b)$ が真（TRUE）

が同時に成り立たねばならない．

X，Y，Z がいずれも真（TRUE）であるとき，

$\quad$ 論理積（X AND Y AND Z）は，真（TRUE）

であり，X，Y，Z のいずれか 1 つでも偽（FALSE）であれば，

$\quad$ 論理積（X AND Y AND Z）は，偽（FALSE）

となる．

BASIC には，論理積 AND のほか，否定 NOT，論理和 OR，排他的論理和 XOR などの論理演算子がある．表 3.3 に論理演算子を示す．

表 3.2 関係演算子

演算内容	記号	例
等しい	=	X=Y
等しくない	<>	X<>Y
より大きい	<	X<Y
より小さい	>	X>Y
以上	<=, =<	X<=Y, X=<Y
以上	>=, =>	X>=Y, X=>Y

表 3.3 論理演算子

演算内容	記号	例
否定	NOT	NOT X
論理積	AND	X AND Y
論理和	OR	X OR Y
排他的論理和	XOR	X XOR Y
包含	IMP	X IMP Y
同値	EQV	X EQV Y

3.4 組み込み関数

三角形の面積 S は，a と b の2つの辺の長さと2つの辺ではさむ角度 $\theta°$ が与えられるとき，次のように求められる．

$$S = a \times b \times \sin \theta$$

この計算を行うためには関数電卓が必要であり，上述の算術演算子に加えて正弦 (SIN) 関数を用いなければならない．

関数

SIN (数式)

の数式部は引数と呼ばれ，この例では角度 θ の値である．われわれはふだんの生活では角度（°degree）を用いるが，SIN を計算する場合には円周率 π を用いて引数を

$\theta * \pi / 180$（ラディアン）

として計算する必要がある．

いっぽう，ヘロンの公式を用いる場合，3つの辺の長さ a，b，c を用いて次の式から面積 S が求められる．

$$S = \sqrt{s(s-a)(s-b)(s-c)}, \quad S = \frac{a+b+c}{2}$$

この式の計算には平方根を求める関数

SQR (数式)

が必要である．数式部は

$s(s-a)(s-b)(s-c)$

であり，正の値でなければならない．

次のプログラムは三角形の面積を底辺と高さ，2辺の長さと挟角，3辺の長さから求めるものである．行番号170以降では3角形が成立するかどうかを確認し，ヘロンの公式を用いて面積の計算を行っている．行番号170では足し算，行番号180では，3辺の長さの大小関係をチェックして真偽を明らかにしている．そして平方根の計算を行い，面積を求めている．

このプログラムでは算術演算子，関係演算子，論理演算子，さらに関数 SIN (数式) と関数 SQR (数式) を用いている．

```
100   PI=3.14159            'PIは円周率
110   A=8:B=10:C=12         '3辺の長さ
120   H=6.61                '高さ
130   THE=82.8              '角度は度
140   THERAD=THE*PI/180     'ラディアンに変換
150   S1=C*H/2              '面積=底辺の長さ×高さ/2
```

```
160  S2=A*B*SIN(THERAD)/2     '面積=a×b×sinθ
170  S=(A+B+C)/2              'ヘロンの公式を利用
180  PRINT "A+B>C ";(A+B>C),"B+C>A ";(B+C>A),
     "C+A>B ";(C+A>B)
190  PRINT "S-A>0 ";(S-A>0),"S-B>0 ";(S-B>0),
     "S-C>0 ";(S-C>0)
200  S3=SQR(S*(S-A)*(S-B)*(S-C))
210  PRINT USING "底辺×高さ S1=##.#,三角関数 S2=##.#,
     ヘロンの公式 S3=##.#";S1,S2,S3
220  END
```

プログラムを実行すると次のような実行画面が表示される．

```
A+B>C   TRUE B+C>A TRUE C+A>B TRUE
S-A>0  TRUE   S=B>0   TRUE   S-C>0   TRUE
底辺×高さ S1=39.7,三角関数 S2=39.7,ヘロンの公式 S3=39.7
```

BASIC では三角関数，指数関数，文字列を処理する関数，グラフィックス関連の関数など，多くの関数が利用できる．主な組み込み関数を表 3.4 に示す．

表 3.4　主要な組み込み関数

関数	処理
ABS	絶対値を返す．
ASC	文字のキャラクターコードを返す．
ATN	逆正接を返す．
BIN$	10 進数を 2 進数の文字列に変換する．
CHR$	指定したキャラクターコードが持つ文字列を返す．
COS	余弦を返す．
DATE$	日付を返す．
EXP	底が e である指数関数の値を返す．
FIX	引数の整数部分を返す．
HEX$	10 進数を 16 進数の文字列に変換する．
INKEY$	押されているキーの情報を得る．
INT	引数を超えない最大の整数値を返す．
LEFT$	文字列の左側から任意の長さの文字列を抜き出す．
LEN	文字列の長さを文字数で返す．
LOG	自然対数を返す．
RIGHT$	文字列の右側から任意の長さの文字列を抜き出す．
RND	0 以上 1 未満の乱数を返す．
ROUND	指定数値を指定位置で四捨五入する．
SGN	符号を調べる．
SIN	正弦を返す．
SPACE$	SPC 任意の数の空白文字を返す．
SQR	平方根を返す．
STR$	数値を文字列に変換する．
TAN	正接を返す．
TIME$	時刻を返す．
TIMER	紀元（1970-01-01 00:00:00（UTC））からの経過秒数を返す．
VAL	文字列表記の数値を実際の数値に変換する．

3.5 演算の優先順位

各演算には優先順位があり，以下の順番で処理される．

① 括弧で括られた式
② 関数
③ 指数演算（^）
④ 負号（-）
⑤ 乗算（*），実数の除算（/）
⑥ 整数の除算（\）
⑦ 整数の剰余（MOD）
⑧ 加算（+），減算（-）
⑨ 関係演算子（=，<，> など）
⑩ NOT
⑪ AND
⑫ OR
⑬ XOR
⑭ IMP
⑮ EQV

第4章
◆
プログラムの作成

　第1章で BASIC をやさしく，効率よく学ぶことのできる i99-BASIC について，プログラミング以前の基本操作について説明してきた．第2章では，BASIC の中で使う定数と変数について，第3章では式と演算処理について説明した．

　第4章ではこれらの知識を用いて簡単なプログラムを作成し，第5章以降でさらにいろいろなアルゴリズム*を学んでいこう．「習うより，慣れろ」で，実際に入力してBASIC にふれてほしい．プログラムの作成および実行等についてはコンソール画面を使って説明していく．

* アルゴリズムとは一般に問題を解くための処方，特にコンピュータ向きの解法，算法とされる．アルゴリズムを特定のプログラム言語で書いたものがプログラムである．

4.1　プログラムの入力

　画面に "Interface" と "i99-BASIC" と2行にわたって表示するプログラムを作成してみよう．

　キーボードから次のように入力する．

```
100    PRINT "Interface"   Enter
```

ここで Enter は，Enter キーを押して次の行にカーソルを進めることを意味する．

```
110    PRINT "i99-BASIC"   Enter
120    END   Enter
```

　100，110，120 を行番号といい，ふつう行番号順にプログラムは実行される．入力したプログラムを画面上に表示するためには LIST Enter とする．

　行番号およびプログラムが次々と表示される．画面表示中にスペースキーを押すと画面表示を一時停止できる．画面表示を再開するときは，別のキーを押す．また，画面表示中に Pause/Break あるいは Ctrl + C を押すと表示を中断する．

　入力ミスがなければ，プログラムを実行する．このとき，RUN Enter とする．表示画面には，次のような表示が得られる．

```
RUN
Interface
```

```
i99-BASIC
OK
```

　もし，プログラムに文法的なエラーがあれば，エラーメッセージを付してエラーを生じた行番号で停止する．BASIC は行番号のプログラムを順次翻訳して実行していくインタプリタ言語である．C 言語のようなコンパイラ言語ではエラーがあるとコンパイルできず，プログラムを実行したくてもできない．C 言語は初心者にとって敷居が高く，初心者には BASIC によるプログラミングのほうが簡単である．

　AUTO コマンドを利用すると行番号を自動的にふってくれるので，プログラムの入力が簡単化できる．

　　　AUTO　100　Enter

とすると，画面左端に 100 と表示されるので，そのまま

　　　Space　PRINT "Interface"　Enter

とすると次の行に 110 と表示される．さらに

　　　Space　PRINT "i99-BASIC"　Enter

とすると，120 と表示される．

　　　Space　END　Enter

とすると，上記プログラムと同様なプログラムが入力できる．

4.2　プログラムの保存

　作成したプログラムは 2 つのファイル形式で保存できる．

　1 つは 4.3 節で説明する BASIC 標準形式で，「編集不可」や「表示を隠す」，「プログラムのパスワード」などの各種情報を保持することができる．

　もう 1 つは BASIC テキスト形式で，上記の各種情報は保持されず，USB メモリなどに保存して外部に持ち出し，UTF-8 形式で閲覧，編集ができる．

　作成したプログラムは次のコマンドで保存できる．

　　　SAVE　"ファイル名"

あるいは

　　　SAVE　"ファイル名",<スイッチ>

　ここで，＜スイッチ＞とは，コマンドの後ろにつける指定のことをいい，英字 1 字で

機能の設定を行うためのものである.「,（カンマ）」のあとに英字を続けて表記し,複数の機能を設定できる.スイッチにより保存形式を整理すると次のように分類できる.

① SAVE "ファイル名"

スイッチなしで SAVE する場合には,編集不可・隠し行があれば BASIC 標準形式で,そうでなければ BASIC テキスト形式で同一名のプログラムに上書き保存される.

② SAVE "ファイル名",H

スイッチを H とすると,編集不可・隠し行があれば BASIC 標準形式で,そうでなければ同一名のプログラムに BASIC テキスト形式で上書き保存され,以前のプログラムもバックアップされる.

③ SAVE "ファイル名",B

スイッチを B とすると,同一名のプログラムに BASIC 標準形式で上書き保存され,以前のプログラムに上書きされる.

④ SAVE "ファイル名",BH

スイッチを BH とすると,同一名のプログラムに BASIC 標準形式で上書き保存され,以前のプログラムもバックアップされる.

⑤ SAVE "ファイル名",A

スイッチを A とすると,同一名のプログラムに BASIC テキスト形式で上書き保存される.

⑥ SAVE "ファイル名",AH

スイッチを AH とすると,同一名のプログラムに BASIC テキスト形式で上書き保存され,以前のプログラムもバックアップされる.

4.1 節で作成したプログラムは編集不可,隠し行もないので

　　　SAVE "HYOUJI.BAS" ｜Enter｜

により,BASIC テキスト形式で保存される.また,同じプログラムを USB メモリに保存する場合は,

　　　SAVE "mnt/WHITE/HYOUJI.BAS" ｜Enter｜

のようにする.この例では WHITE は USB メモリのラベル名である.たとえば,Windows 上で USB メモリを指定し,プロパティの内容を画面表示させるとラベル名を確認できる.ラベル名がない場合には新たに名前をつけて使うとよい.

また,ラベル名をつけていない USB メモリを使用する場合には

　　　SAVE "mnt/media-sda1/HYOUJI.BAS" ｜Enter｜

でプログラムの保存ができる.Linux に移動し,さらに「アクセサリ」＞「ファイル」により図 4.1 に示す画面で media-sda1 を確認できる.

注）USB メモリは自動的にマウントされ,その際のラベル名はシステムが自動的に

図 4.1　media-sda1

設定する．上記の例はあくまで例である．

　プログラムの開発を行っている過程では，同一プログラム名で上書き保存し，何かのミスで異なるプログラムを，そのプログラム名で保存してしまい，プログラムを一から作り直さなければならなくなり，多大な時間をロスすることがある．このような場合を考慮して，

　　　　SAVE "ファイル名",H

とすると，すでに存在するファイル名を指定して保存する場合，最新のプログラムがファイル名として保存され，もとのプログラムは次に示すようなそのファイルの修正時刻付の名前にリネームされて残される．

　　　　"ファイル名"<年>-<月>-<日>-<時>-<分>-<秒>.BAS

　ところで，i99-BASICでは，プログラムの重要な核となる部分を編集できないようにしたり，隠したりして，プログラムが改ざんされないように保護することができる．この場合でも，保護されていない部分については編集したりしてユーザーが使いやすいように書き直すことができる．次に，プログラムの保護機能を利用する場合について説明する．

4.3　プログラムの保護

　プログラムによっては，データの改ざんが行われないように指定範囲のプログラムリストを編集不可にしたり，個人情報やソフトウェアの最も重要なアルゴリズムの部分を隠し行にしたりする必要がある．i99-BASICでは，プログラムの保護機能として行単位

で編集を不可能にしたり（GUARD），行単位で内容を隠したり（HIDDEN）することができる．ただし，この機能はプログラムにパスワードを設定することにより可能となる．

パスワード設定は FILEPASSWD コマンドで行い，FILEPASSWD コマンドを実行すると，パスワードの設定ダイアログが開き，新パスワードと確認入力のための新パスワードを入力して OK ボタンを押すことにより，パスワードが設定される．すでにパスワードが設定されている場合には，旧パスワードの入力も必要となる．

たとえば，プログラムを作成したのち，GUARD ON ～，あるいは HIDDEN ON ～と入力するとパスワード入力画面が現れ，パスワードを入力することにより，これらの機能が利用できる．プログラムごとにパスワードを変えることも可能である．

プログラムリストの指定範囲を編集不可にする，あるいは指定範囲の編集不可行を解除するためには次のコマンドを実行する．

```
GUARD ON      始点行番号-終点行番号
GUARD OFF     始点行番号-終点行番号
```

編集不可に指定された行番号とリストは文字色がうすい緑色となって表示される．

また，指定範囲を隠し行にする，あるいは指定範囲の隠し行を解除するには次のコマンドを実行すればよい．

```
HIDDEN ON     始点行番号-終点行番号
HIDDEN OFF    始点行番号-終点行番号
```

次のプログラム「SEISEKIBO.BAS」は，個人名および2教科の成績（点数）を記した成績簿のデータを表示するプログラムである．特に行番号170から行番号210までは個人情報であり，この範囲を編集不可としたい．

```
100   DEFINE STRUCT SEISEKI
110      ID
120      N$
130      EG
140      MA
150   END STRUCT
160   STRUCT SEISEKI STUDENT(5)
170   STUDENT(1).ID = 1: STUDENT(1).N$ = "A":
      STUDENT(1).EG = 87: STUDENT(1).MA = 92
180   STUDENT(2).ID = 2: STUDENT(2).N$ = "B":
      STUDENT(2).EG = 77: STUDENT(2).MA = 62
190   STUDENT(3).ID = 3: STUDENT(3).N$ = "C":
      STUDENT(3).EG = 97: STUDENT(3).MA = 91
```

```
200    STUDENT(4).ID = 4: STUDENT(4).N$ = "D":
       STUDENT(4).EG = 77: STUDENT(4).MA = 80
210    STUDENT(5).ID = 5: STUDENT(5).N$ = "E":
       STUDENT(5).EG = 72: STUDENT(5).MA = 75
220    FOR I=1 TO 5
230    PRINT STUDENT(I).ID, STUDENT(I).N$,
       STUDENT(I).EG, STUDENT(I).MA
240    NEXT I
250    END
```

コマンド

```
GUARD ON 170-210
```

を打ち込むと，図 4.2 のパスワード入力画面が現れ，パスワードを入力すると行番号 170-210 は編集不可能となる．LIST コマンドでプログラムリストを表示させると，行番号 170-210 のリストは文字色がうすい緑色となって表示される．

ここで，学生 A の英語の点を 100 点にしようとして編集不可に指定された行番号 170 を

```
170    STUDENT(1).ID = 1: STUDENT(1).N$ = "A":
       STUDENT(1).EG = 100: STUDENT(1).MA =92
```

とし，Enter キーを押すと，図 4.3 に示すように「編集不可行の為，更新できません．」とのメッセージが表示される．

図 4.2 GUARD ON を実行するときパスワードが必要

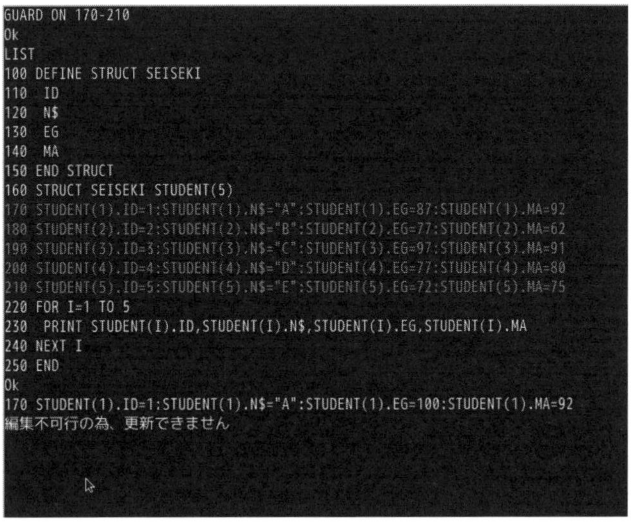

図 4.3 GUARD ON により編集不可となる

また，このプログラムを保存するためにスイッチをつけず，

　　SAVE "SEISEKIBO.BAS"

と保存すると「パスワードが設定されているプログラムは保存できません．」というエラーメッセージが表示される．保護機能を加えたプログラムを保存するときには，

　　SAVE "SEISEKIBO.BAS",BH

あるいは，

　　SAVE "SEISEKIBO.BAS",B

とする必要がある．

　このようにして作成され，保存されたプログラムは，プログラムを削除する KILL コマンドが実行されても，パスワードの入力が求められ，間違ってプログラムが削除される危険性は小さくなる．

　コマンド FILES については 4.4 節で述べるが，FILES "", F により，「SEISEKIBO.BAS」に関連して2つのプログラムが生成されていることがわかる．2つのプログラムの大きさをみると図 4.4 でも明らかなように

```
SEISEKIBO.BAS                          1147
SEISEKIBO_2015-05-31_15-56-52.BAS       566
```

の容量を占め，保護機能をもたせ，B オプションスイッチをつけて保存された「SEISEKIBO.BAS」はテキストエディタで読み出すことができない．内容はまったく同

```
Ok
files "*.BAS",AF
        DIVIDE.BAS              2015-05-31 15:10          75
        DIVIDE1.BAS             2015-05-31 15:11         168
        EXAMINATION1.BAS        2015-05-30 17:28        1241
        FRACTORIAL.BAS          2015-05-31 16:54         224
        GRAY.BAS                2015-04-24 09:42         375
        HANOI.BAS               2015-05-24 20:45         251
        MOVEMASTER.BAS          2015-05-31 15:06        3208
        MOVEMASTER1.BAS         2015-05-12 08:05        3195
        NWSAMPLE1.BAS           2015-05-31 15:03         414
        NWSAMPLE2.BAS           2015-05-31 15:03         577
        NWSAMPLE3.BAS           2015-05-31 15:04         914
        PARARREL.BAS            2015-04-25 23:21         635
        SEISEKIBO.BAS           2015-05-31 16:18        1147
        SEISEKIBO_2015-05-31_15-56-52.BAS 2015-05-31 15:56    566
        SORT.BAS                2015-05-31 15:13         790
        SUM.BAS                 2015-05-14 19:52         276
16 個のファイル
 0 個のディレクトリ
Ok
```

図 4.4 BH オプションをつけたときの保存ファイル

じプログラムであるが，保護機能のついていない「SEISEKIBO_2015-05-31_15-56-52.BAS」はテキストエディタで読み出すことができる．すなわち，H オプションスイッチをつけると以前のプログラムは読み出し可能なファイルとして保存されるので注意する必要がある．

4.4 プログラムの読み出し

読み出したいプログラムが保存されているかを確認するときは，

  FILES Enter

とする．保存されている BASIC プログラム名が画面に順次表示される．

スイッチとして次のように A をつけると BASIC のプログラムを含め，すべてのファイルが表示でき，拡張子 jpg や png をもつ画像ファイル，拡張子 txt や dat をもつテキストファイルなどの存在を確認できる．

  FILES "",A Enter

また

  FILES "",F Enter

とするとファイル名に加えて作成年月日とファイルのサイズが表示される．

複数のファイルが FILES により画面表示されているときに，スペースキーを押すと画面表示を一時停止できる．画面表示を再開するときは，別のキーを押す．また，画面表示中に Pause/Break ，あるいは Ctrl + C を押すと表示を中断することができる．

ラベル名が WHITE の USB メモリに保存されているプログラムを表示する場合には，

  FILES "mnt/WHITE/" Enter

とすればよい．

  CHDIR "mnt/WHITE" Enter

とすると作業フォルダを "mnt/WHITE" とすることができ，

  FILES Enter

で BASIC のプログラムリストが表示される．
 もとの作業フォルダに戻るときには

  CHDIR ".." Enter

さらにもう一度

  CHDIR ".." Enter とすればよい．

CHDIR ".." により，1 階層上のフォルダに移動する．
 プログラムを実行したり，編集したりするために，プログラムを読み出すときは次のコマンドを実行する．

  LOAD "ファイル名"

 たとえば，

  LOAD "HYOUJI.BAS" Enter

とすると保存したプログラムがメインメモリ上に読み込まれ，

  LIST Enter

によりプログラムリストが画面に表示される．
 以上がプログラムを作成し，実行し，保存する，さらに保存したプログラムを読み出すまでの基本的な流れである．
 新たなプログラムを作成するとき，前のプログラムが残っていると正常な動作は保証できないので，プログラムを消去しておくことを習慣づけよう．リスト消去は次のコマンドで実行される．

  NEW Enter

 プログラムは行番号とともにすべて消える．LIST Enter としてももはやプログラムはまったく表示されない．

4.5 プログラムの印刷

プログラムの作成を行う際，コンピュータの画面上だけでなく，プリンタで印刷して紙面でプログラムリストを見たいといった要求が出てくる．ここでは次に示す3つの方法について説明する．

①別のアプリケーションから Linux の印刷機能（CUPS サービス）を使って印刷する．
② i99-BASIC から Linux の印刷機能を使って印刷する．
③ i99-BASIC からプリンタへの印刷イメージを PDF に出力する．

①と②は，いずれも Linux の印刷機能で CUPS サービスと呼ばれる機能を用いる．また，②と③では，i99-BASIC からのコマンドにより直接印刷ができる．

①と②を実施するためには，まず以下の作業が必要となる．

i99-BASIC から Linux に移動して CUPS サービスを稼動させる．Linux メニューの「アプリケーション」＞「アクセサリ」＞「システムターミナル・スーパーユーザーモード」を選択し，ターミナルを起動した後，以下のコマンドを入力する．

```
$ service cups start
```

により，cups サービスが稼動開始する．

コンピュータがプリンタを認識できているかどうかを確認するために，再び Linux メニューから「アプリケーション」＞「インターネット」＞「iceweasel ウェブブラウザ」を選択し，ウェブブラウザを起動する．

URL 欄に「localhost:631」と入力して Enter キーを押すと，CUPS の設定画面が表れる．この画面で，「プリンタ」項をクリックすると，現在認識しているプリンタの一覧が表示される．表示されていれば，プリンタに対してテスト印刷などを行うことができるので，テスト印刷でプリンタから印刷できることを確認しよう．

注）コンピュータにプリンタを（USB または LAN）接続して利用する場合，プリンタドライバが必要となる．使用する Linux にプリンタドライバが用意されていない場合，使用するプリンタのメーカと型番を確認してメーカが提供するプリンタドライバを入手し，指示通りにインストールする必要がある．プリンタドライバのインストール方法はメーカ，型番により異なる（図 4.5 〜図 4.8 参照）．

◆4.5.1◆ 別のアプリケーションから Linux の印刷機能を使って印刷する

作成したプログラムを外部アプリケーションのエディタを使って表示＆印刷する．

Linux メニューから「アプリケーション」＞「アクセサリ」＞「gedit テキストエディタ」を選択して，テキストエディタを起動する．

メニューから「ファイル」＞「開く」を選択し，印刷したい BASIC プログラムを読み取る．BASIC のプログラムは，/root/mybasic/user フォルダ以下に配置されているので，このフォルダに移動して印刷したい BASIC プログラムを開く．なお，テキストエディタで開ける BASIC プログラムは BASIC テキスト形式で保存したプログラムのみ

4.5 プログラムの印刷　39

図 4.5　Canon MP490 の Linux ドライバをインストール

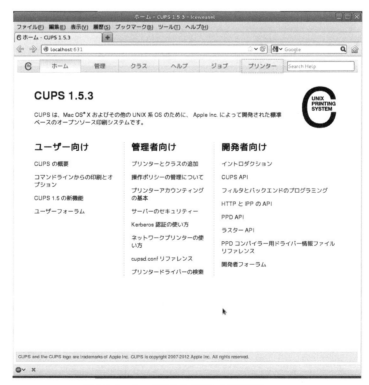

図 4.6　localhost:631 から CUPS の設定画面へ

図 4.7 使用できるプリンタに Canon MP490 が登録される

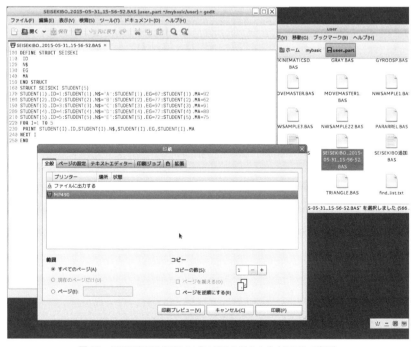

図 4.8 SEISEKIBO.BAS のプログラムリストを MP490 で印刷

である．BASIC 標準形式のプログラムは正しく読み取れないので，BASIC テキスト形式で保存しなおしてから開く．BASIC プログラムを開いたら，実際に印刷しよう．

メニューから「ファイル」＞「印刷」を選択する．「全般」タブに CUPS の設定画面に使用できるプリンターが列挙されているので，プリンタを選択し「印刷」ボタンを押す．

◆4.5.2◆ i99-BASIC から Linux の印刷機能を使って印刷する

それでは，i99-BASIC から Linux の印刷機能を使ってプログラムリストを印刷してみよう．統合開発環境から簡単に BASIC のプログラムリストを印刷できる．

i99-BASIC のメニュー欄から，「ファイル」＞「印刷」を選択する．全般タブに CUPS の設定画面で出現したプリンタが列挙されているので，プリンタを選択して「印刷」ボタンを押す．

コンソール画面からプログラムリストを印刷する場合，まず印刷に用いるプリンタ名を登録する必要がある．プリンタ名は前もって CUPS の印刷設定画面で調べておく．

i99-BASIC のコマンド画面からも印刷可能である．まず，以下のようにプリンタ名を設定し登録する．

```
CONFIG SET LPTNAME="cups:<プリンタ名>"
```

BASIC プログラムを LOAD コマンドで読み取った後，LLIST コマンドでプログラムリストをプリンタに出力し，印刷する．

```
LLIST  Enter
```

で，LIST コマンドで画面に出力されるのと同様のプログラムリストが印刷される．なお，この設定を行うことにより，プログラムのなかで印刷が可能となる．たとえば，文字列をプリンタに送るには LPRINT コマンドを用い，LPAGE コマンドまたは END コマンドで印刷を行う．

たとえば，以下のように

```
LPRINT "Hello i99-BASIC"
LPAGE
```

実行するとプリンタに "Hello i99-BASIC" と印字される．

◆4.5.3◆ 印刷イメージを PDF として出力する

4.5.2 項では LLIST コマンドでプリンタにプログラムを印刷した．印刷するのではなく，PDF ファイル形式で出力しておき，他の場所に移動して印刷する利用方法もある．印刷するイメージを PDF で出力する際のファイル名をまず指定する．

```
CONFIG SET LPTNAME="pdf:<ファイル名>"
```

この指定の後，LLIST コマンドでプログラムリストを印刷すると指定したファイル名

で PDF が出力される．再度実行する場合，内容は上書きされる．ファイルは BASIC の
プログラムが保管される領域（/root/mybasic/user）に出力される．

たとえば，以下のように指定して

```
CONFIG SET LPTNAME="pdf:test.pdf"
```

を実行すると出力されるファイルは，/root/mybasic/user/test.pdf となる．

COLUMN_02　HIBERNATE コマンドによるシステムの休止と再開■

　コンピュータを使用中に「今日の仕事は中断して明日再開したい」ということがある．
その場合，i99-BASIC では HIBERNATE コマンドを実行すると現在の状態を保存して休
止することができる．次の日に電源を入れると，i99-BASIC は休止した時点の状態に高速
に起動して再開することができる（一部モデル（K6/K7）では使用できないもの，および
一部コマンドの機能の再開など制限があるものがある）．

第5章

コマンドを使ってプログラムを作成してみよう

　プログラムを作成する場合，何をどのように処理させるのか，どのようなデータを与えて，どのような結果を出力させたいのか，問題を明確にする必要がある．データの処理は単純な1回の処理で終わることは少なく，その処理の手順を考えなければならない．

　プログラムを作成する場合には，その処理の流れを，流れ図を使ってわかりやすく書き，流れ図に従ってプログラムを書いていくのがよいとされる．この流れ図をフローチャートといい，誰がみてもわかるように図記号が定められている．表5.1にJIS規格で決められている主な記号を示す．

表5.1 流れ図記号

記号	名称	機能
	端子	フローチャートの開始，終了
	準備	その後の動作に影響を与える準備
	処理	計算，代入
	判断	条件分岐
	繰り返しループ	繰り返しの開始と終了
	入力	キーボードからの入力
	表示	ディスプレイへの表示
	定義済み処理	関数，サブルーチン
	入出力	ファイルへの入出力

5.1 流れ図

第1章では，電卓の延長としてAとBを与えてその和を計算する次のようなプログラムを紹介した．

```
100   A=10
110   B=20
120   S=A+B
130   PRINT S,A,B
140   END
```

流れ図は図 5.1 のように表される．行番号順にデータが与えられ，演算処理が行われ，画面に結果が表示される．もっとも簡単な流れ図である．

それでは，もう少し具体的なプログラムを作成してみよう．三角形の底辺の長さと高さを与え，三角形の面積を求めてみよう．NEW Enter で前のプログラムを消したのち，次のプログラムを入力してみよう．

```
100   INPUT "c=";c  Enter
110   INPUT "h=";h  Enter
120   S=c*h/2 '面積の計算 Enter
130   PRINT "MENSEKI=";S  Enter
140   END  Enter
```

行番号 100 と行番号 110 はキーボードから底辺の長さ c と高さ h を入力するためのINPUT文である．行番号 120 の「'面積の計算」はこの行番号 120 の実行で何を求めようとしているのか作成者を含め，プログラムをみた人にわかるように説明するコメント文であり，実行を伴わない．ここで，このプログラムが何を求めるプログラムなのか，すぐわかるように次のように行番号 90 を追加する．

```
90 REM 面積の計算  Enter
```

REM のかわりに行番号 120 で用いた「'（シングルクォーテーション）」としてもよい．これは REM の省略形で，PRINT も「?」で置き換えることができる．行番号 90 の追加により，プログラムの行番号は 90, 100, ⋯, 130, 140 となる．プログラムの実行には無関係であるが，行番号を 100, 110, ⋯ と整列する場合には，RENUM 100 Enter とする．この結果，LIST Enter とすると次のように画面表示される．

```
100   REM 面積の計算
110   INPUT "c=";c
120   INPUT "h=";h
```

```
130    S=c*h/2   '面積の計算
140    PRINT "MENSEKI=";S
150    END
```

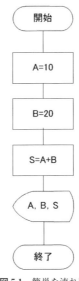

図 5.1　簡単な流れ図

このように底辺の長さと高さをいろいろとかえて面積を求める場合には，INPUT 文を使うとよい．INPUT 文についても，底辺の長さ c と高さ h を一度に入力する場合には，

```
110    INPUT "c= ,h= ";c,h
DELETE 120
```

とする．DELETE はプログラムリストの指定範囲を削除するコマンドである．ただし，この場合には，キーボードから底辺の長さと高さを

```
200,150 Enter
```

と2つの数値を，（カンマ）で区切って入力する必要がある．

上記プログラムでは，必要な変数の値を INPUT 文で与え，面積の計算を行い，PRINT 文でその結果を画面に表示，プログラムを終了する．ここでプログラムの流れを整理してみよう．流れ図で表現すると図 5.2 のようになる．新たに三角形の底辺 c と高さ h のキーボード入力の図記号が用いられている．

もし，c と h の値が1組だけの場合には，

```
110    c=200
120    h=150
```

あるいは，

図 5.2 キー入力の流れ図

```
110   c=200:h=150
DELETE  120
```

としてもよい．1つの行番号に代入文およびコマンドを「：（コロン）」に続けて書くことができる．同一の行番号に複数のコマンドを続けることができ，これをマルチステートメントという．

5.2 繰り返し処理

学生数，科目数の多い成績処理や2次元画像データの処理など多数のデータを扱う場合，それぞれのデータに対して同一の数式処理を繰り返して行うことが多い．たとえば，平均点，標準偏差，段階評価，最高点，最低点などを求める場合や画像の濃度（明るさ）分布，画像の微分処理を用いて輪郭やエッジを抽出するような場合，繰り返し処理を利用すると効率よく，しかも高速に処理できる．

科学技術計算においても解析的に解くことができない方程式を解いたり，関数を積分したり，時々刻々変化する物体の運動や軌道を運動方程式から推定する場合にも，同じような演算処理を繰り返すことが多く，繰り返し処理はコンピュータの得意とするところである．

◆5.2.1◆ FOR～NEXT ループ

繰り返し処理を実行する場合に最も多く使用されるのが，FOR～TO～STEP～NEXT である．次のような書式で表される．

```
FOR <変数>=<初期値>TO<終値>[STEP<増減分>]
  ...
NEXT<変数>
```

変数の値が初期値から終値となるまで…の数式処理を繰り返す．

増減分を省略すると初期値が終値より小さい場合，増減分は1，初期値が終値より大きい場合は増減分は-1となる．

ここでは，INPUT文でキーボードから数値Nを入力し，1からNまでの整数の和を計算するプログラムを作成してみよう．

```
100    '1からNまでの和を求める
110    INPUT "N=";N
120    '時刻を表示する
130    PRINT TIME$
140    '加算するいれものをSとする
150    S=0
160    '1からNをSに加算していく
170    FOR I=1 TO N
180       S=S+I
190    NEXT I
200    '計算終了時刻を表示する
210    PRINT TIME$
220    '和を画面に表示する
230    PRINT "S=";S
240    END
```

行番号170から行番号190でN回$S = S + I$の演算処理を繰り返している．流れ図は表5.1の繰り返し記号を用いて図5.3のように表される．

このプログラムを実行し，たとえばNの値として10000を入力すると，プログラムの開始時刻が画面表示され，1秒前後で，計算終了時刻，続いて総和Sが画面表示される．この計算時間はコンピュータのCPU（Central Processing Unit）の性能により異なる．

TIME\$はコンピュータ内部の現在時刻を表す．たとえば，現在の時刻が1時2分3秒のとき，TIME\$は

```
"01:02:03"
```

の文字列を返す．

さらに，1から10000までの和の計算を，奇数，あるいは偶数に限って行うときには行番号170を

奇数の場合

```
170 FOR I=1 TO N STEP 2
```

偶数の場合

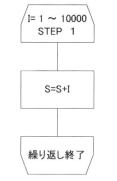

図 5.3　繰り返し処理の流れ図

```
170 FOR I=2 TO N STEP 2
```

と書き換えればよい．

◆5.2.2◆　WHILE 〜 WEND ループ

WHILE 〜 WEND を用いても同様の計算を行うことができ，次のような書式で表される．

```
WHILE<条件式>
 ...
WEND
```

条件式には繰り返し実行する条件を指定し，条件式が成り立つ間，…の処理を繰り返して行う．次のプログラムでは $I<10000$ が条件式である．

```
100   PRINT "Summation 1+2+   +10000"
110    '開始時刻の変数に記録
120   TIME1$=TIMES
130    '加算していくいれものをSとし，Iの初期値を0とする
140   S=0
150   I=0
160    '行番号170から200までをI=9999まで繰り返す
170   WHILE I<10000
180     I=I+1
190     S=S+I
200   WEND
210    '終了時刻を記録
220   TIME2$=TIMES
230    '和Sと開始時刻と終了時刻を画面表示する
```

```
240    PRINT "S=";S
250    PRINT TIME1$,TIME2$
260    END
```

表5.2 繰り返し処理

命令	DO ～ LOOP	DO ～ LOOP UNTIL	DO ～ LOOP WHILE	DO ～ UNTIL LOOP	DO ～ WHILE LOOP	WHILE ～ WEND
書式	DO … LOOP	DO … LOOP UNTIL ＜条件式＞	DO … LOOP WHILE ＜条件式＞	DO UNTIL ＜条件式＞ … LOOP	DO WHILE ＜条件式＞ … LOOP	WHILE ＜条件式＞ … WEND

使用例	I = 0
	DO
	I = I + 1
	PRINT I
	IF I > 4 THEN
	EXIT DO
	END IF
	LOOP
		I = 0
		DO
		I = I + 1
		PRINT I
		LOOP UNTIL I > 4
			I = 0
			DO
			I = I + 1
			PRINT I
			LOOP WHILE I < 5
				I = 0
				DO UNTIL I > 4
				I = I + 1
				PRINT I
				LOOP
					I = 0
					DO WHILE I < 5
					I = I + 1
					PRINT I
					LOOP
						I = 0
						WHILE I < 5
						I = I + 1
						PRINT I
						WEND

変数Iの値が10000未満での繰り返しとなるが，Iを加算していき，$I = 9999$のとき，

```
I<10000
```

の条件を満足しており，WHILEループのなかで，Iに1加えて$I = 10000$となり，$S = S + I$を実行する．次のループでは$I = 10000$となり，$I < 10000$を満足しないのでループから抜ける．

ここで，たとえば行番号180と行番号190を入れかえるとき，行番号170の条件を次のように変更する必要がある．

```
170    WHILE I<=10000
```

このように実行する行番号の順序により計算結果は異なるので，変数の動きに常に注意をしてプログラムしよう．

繰り返し処理に関する命令を表5.2にまとめた．いずれも$I = 0$を初期値として$I = 5$までの繰り返し（PRINT Iが実行される）を行う例である．

◆5.2.3◆ 2重ループ

繰り返し計算のなかにさらに繰り返し計算が行われる例題を次に扱ってみよう．小学校で習う「九九」を計算してその演算結果を画面に表示するプログラムを作成してみよう．

プログラムの流れ図は図5.4のようになる．九九の段を1行ごとに画面表示するために行番号70に改行のためのPRINT文を入れている．

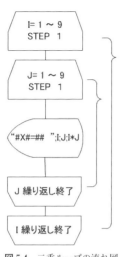

図 5.4　二重ループの流れ図　　　　　図 5.5　プログラムの実行結果

```
100    '九九の掛け算
110    CLS
120    FOR I=1 TO 9
130      FOR J=1 TO 9
140        PRINT USING "#X#=##  ";I;J;I*J,
150      NEXT J
160      PRINT
170    NEXT I
180    END
```

　プログラムの実行結果は図 5.5 のようになる．行番号 110 の CLS コマンドでテキスト画面をクリアし，行番号 140 の PRINT USING コマンドを用いて九九の計算結果を一覧できるようにしている．

5.3　選択処理（条件分岐）

◆5.3.1◆　IF 文

　FOR NEXT ループによる繰り返し処理では繰り返し回数が決まっている．繰り返し処理を途中で中断する場合には IF 文がよく用いられる．書式は次のとおりである．

単一行の形式では

　　　　IF <条件式> THEN … [ELSE …]

複数行の形式では，

```
IF <条件式> THEN
    ...
    [ELSEIF <条件式> THEN]
    ...
    [ELSE]
    ...
END IF
```

たとえば，面積計算の例題において入力の値が $c = 0$，あるいは $h = 0$ のとき，DO ～ LOOP から抜けてプログラムを終了するためには次のように記述する．

```
100     '面積の計算
110     DO
120       INPUT "c=";c
130       INPUT "h=";h
140       'c,hがいずれも0でなければ面積の計算を行う
150       IF (c=0) OR (h=0) THEN EXIT DO
160       S=c*h  '面積の計算
170       PRINT "MENSEKI=";S
180     LOOP
190     END
```

次の例題は試験の点数により，優（A），良（B），可（C），不合格（D）の成績評価を行う場合である．IF ～ THEN ～ ELSE ～ END IF 文を用い，次のようなプログラムとなる．

```
100     INPUT "POINT=";P
110     IF (P>=80) THEN
120       PRINT "A"
130     ELSEIF (P>=70) THEN
140        PRINT "B"
150     ELSEIF (P>=60) THEN
160        PRINT "C"
170     ELSE
180        PRINT "D"
190     END IF
200     END
```

上記プログラムの IF 文について，プログラムの流れをフローチャートで示すと図5.6 のようになる．条件式1がA判定，条件式2がB判定，条件式3がC判定の評価式であり，それ以外の場合にはD判定となる．具体的には，

　　処理1で PRINT A
　　処理2で PRINT B
　　処理3で PRINT C
　　処理4で PRINT D

を実行する．

上記の例のように ELSEIF を用いるときには行番号 110 と 120，行番号 130 と 140，行番号 150 と 160，行番号 170 と 180 の複数の行番号にわたって記述しなければならない．すなわち，

```
110   IF (P>=80) THEN
120       PRINT "A"
130   ELSEIF ...
```

が正しく，次の表記ではエラーとなる．

```
110   IF (P>=90) THEN PRINT "A"
130   ELSEIF
```

第3章で扱ったヘロンの公式により三角形の面積を求める例題においても「三角形の3辺の長さが三角形の成立条件を満足していない」，「正となるべき数値が負となり，平方根を求めることができない」，このような場合にはデータの再入力を求めたり，プログラムを終了させるなどの処理が必要となる．

特に四則演算において除数（割る数）が0となり，割り算が実行できない場合，その

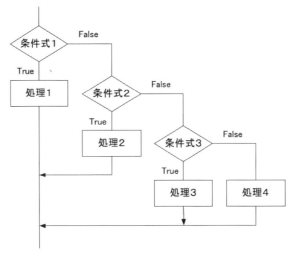

図 5.6　IF 文の流れ図

まま演算を実行するとエラーとなり，プログラムの実行は停止する．

◆5.3.2◆　SELECT CASE 文

上記プログラムでは，場合分けに IF ELSEIF を用いたが，多くの場合分けを行う場合には SELECT CASE ～ END SELECT を用いることができる．その書式は次のようになる．

```
SELECT CASE <式>
        ...
CASE <式の値>
        ...
CASE ELSE
        ...
END SELECT
```

評価＜式＞では，分岐の判定に使う式を指定でき，文字型，数値型のどちらでも指定できる．プログラムの流れ，分岐は図 5.7 のようにまとめることができる．

三角形の面積を求める 3 つの方法を紹介したが，次の例題は INPUT 文で与えられる変数 X の値により，CASE 1, CASE 2, CASE 3 の 3 つの異なる求め方を選択（処理 1 から処理 3）し，実行するプログラムである．CASE 1, CASE 2, CASE 3 以外の数値が与えられた場合には処理 4 を実行し，画面に「UNKNOWN」と表示する．

数値でなく，文字 X$ を用いて CASE "A", CASE "B", CASE "C", CASE ELSE とすることもできる．

```
100     '面積の計算方法を3つから選ぶ．パラメータを与える
110     PI=3.14159
120     A=8:B=10:C=12
130     H=6.61
140     THE=82.8
150     INPUT "X? 次のなかから選んでください．1.底辺×高さ 2.三
        角関数 3.ヘロンの公式";X
160     SELECT CASE X
170     CASE 1
180         S=C*H/2
190         PRINT USING "底辺×高さ/2 ## X ##.# /2 =
            ##.#";c;h;S
200     CASE 2
210         THERAD=THE*PI/180
220         S=A*B*SIN(THERAD)/2
```

```
230        PRINT USING "三角関数 ## X ## x sin(##.#)/2 =
           ##.# ";A;B,THE,S
240     CASE 3
250        S=(A+B+C)/2
260        PRINT "A+B>C ";(A+B>C),"B+C>A ";(B+C>A),
           "C+A>B ";(C+A>B)
270        PRINT "S-A>0 ";(S-A>0),"S-B>0 ";(S-B>0),
           "S-C>0 ";(S-C>0)
280        S0=SQR(S*(S-A)*(S-B)*(S-C))
290        PRINT USING "ヘロンの公式 √{##.#x(##.# - ##)
           x(##.# - ##)x(##.# -##)}=##.#";S;S;A;S;B;
           S;C;S0
300     CASE ELSE
310        PRINT "UNKNOWN"
320     END SELECT
330     END
```

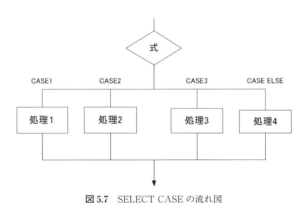

図 5.7　SELECT CASE の流れ図

5.4　配列

　同じような処理を加える多数のデータのそれぞれに番号付け（INDEX）を行うと，処理の高速化が図れる．たとえば，学生の成績を登録し，平均点や標準偏差を求める，N 個の数値データを小さい順，あるいは大きい順に並べ替えるなど，学生ひとりひとりの成績（点数）に学生に対応した番号付けを行う．数値データそのものに番号付けを行うと処理が簡単になる．たとえば，$D(1) = 45$, $D(2) = 80$, $\cdots$, $D(100) = 65$ で表されるデータを 1 次元配列といい，配列を確保するために次のように宣言する．

```
DIM D(100)
```

と宣言する．D(100) と宣言すると $D(0)$，$D(1)$，$\cdots$，$D(100)$ まで表すことができる．たとえば，100人分の成績が与えられていれば，平均点は次のようにして簡単に求めることができる．

```
100    DIM D(100)
110    S=0
120    FOR I=1 TO 100
130       S=S+D(I)
140    NEXT I
150    PRINT "平均点=";S/100
160    END
```

いま，100人分のデータ $D(1)$ から $D(100)$ が与えられているとき，その標準偏差を求めてみよう．平均値（平均点）M は次式で与えられ，

$$M = \frac{1}{100}\{D(1) + D(2) + \cdots + D(100)\}$$

標準偏差は平均値を用いて次のように表される．

$$S = \frac{1}{N}\sqrt{\sum_{i=1}^{100}(D(i) - M)^2}$$

根号（$\sqrt{\ }$）のなかは各データと平均値 M からの偏差の2乗の和であり，分散と呼ばれ，多項式に展開すると次のような式で表される．分散 $S2$ は次のような式で表され，$S2$ を用いると1回の繰り返し処理で標準偏差が計算できる．

$$S2 = D(1)^2 + D(2)^2 + \cdots + D(100)^2 - \frac{\{D(1) + D(2) + \cdots + D(100)\}^2}{100}$$

次のプログラムでは100名のデータは乱数を利用して作成し，その平均値と標準偏差を求めている．

```
100    DIM D(100)
110    CLS
120    S1=0
130    S2=0
140    S3=0
150    S4=0
160    '乱数を利用して100個のデータを作成
170    FOR I=1 TO 100
180       D(I)=INT(100 * RND)
190    NEXT  I
200    '平均値を求める
```

```
210    FOR I=1 TO 100
220        S1=S1+D(I)
230    NEXT I
240    M=S1/100
250    '分散を求め,標準偏差を計算する
260    FOR I=1 TO 100
270        S2=S2+(D(I)-M)^2
280    NEXT I
290    '標準偏差=SQR(S2/100),SQRは√
300    PRINT S1/100,SQR(S2/100)
310    '1回の繰り返し計算で平均値と標準偏差を計算する
320    FOR I=1 TO 100
330        S3=S3+D(I)^2
340        S4=S4+D(I)
350    NEXT I
360    S=S3－S4^2/100
370    PRINT S4/100,SQR(S/100)
380    END
```

なお，配列の大きさが比較的小さく，$D(0) = 10$, $D(1) = 25$, $\cdots$, $D(5) = 34$ と連続して代入する場合，

```
DIM D(5)
D=10;25;…;34
```

の形で配列変数 D に一度に数値を代入できる．ただし，$D(5)$ と指定した場合には必ず6個のデータを与えないとエラーとなる．

さらに，2次元配列を用いると100人の学生の英語，数学，国語の成績を簡単に表せる．学生番号1の学生の英語の成績を $D(1,1)$, 数学の成績を $D(1,2)$, 国語の成績を $D(1,3)$ と表せば，各学生の3科目の平均点から，100人の学生の数学，英語，国語の平均点などを簡単に求めることができる．

また，ディジタルカメラの画像データや携帯電話の画像データは $N \times M$ の画素データからなり，各画素データを $D(0,0)$ から $D(N-1,M-1)$ までの2次元配列で表現して画像処理を行うことが多い．

次に文字列をみてみよう．たとえば，文字列 I\$ = "INTERFACE" の文字数は9であり，

LEFT\$（I\$,1）は文字列「INTERFACE」の左端の文字「I」を表す．

LEFT\$（I\$,2）は文字列「INTERFACE」の左端からの2文字を表し，文字列

「IN」となる.

また,

MID$（I$,3,1）は文字列「INTERFACE」の3文字目の「T」を表す.

MID$（I$,3,2）は文字列「INTERFACE」の3文字目からの2文字で文字列「TE」を表す.

さらに,

RIGHT$（I$,1）は文字列「INTERFACE」の右端の文字「E」を表す.

RIGHT$（I$,2）は文字列「INTERFACE」の右端からの2文字を表し,文字列「CE」となる.

次のプログラムを打ち込んで確かめてみよう.

```
100   I$="INTERFACE"
110   PRINT LEFT$(I$,1)
120   PRINT LEFT$(I$,2)
130   PRINT MID$(I$,3,1)
140   PRINT MID$(I$,3,2)
150   PRINT RIGHT$(I$,1)
160   PRINT RIGHT$(I$,2)
170   END
```

LEFT$,MID$,RIGHT$は文字列の処理を行う場合によく用いるコマンドである.

5.5 構造体

2次元配列を用いて100人の学生の3教科の成績を $D(100,3)$ で数値化し,高速処理し,成績処理の計算効率をあげられることを説明した.いっぽう,文字列である学生の氏名を加え,学生の番号付け,さらに3教科の成績の5つのデータをまとめて扱えればさらに便利となる.このように複数の異なる種類の変数をまとめて扱うためのしくみを構造体という.

学生ひとりひとりに番号付けして,たとえば

```
DEFINE STRUCT PERSONALINFO(成績簿)
        ID(番号)
        NAME$(学生氏名)
        EG(英語の成績)
        MA(数学の成績)
        JP(国語の成績)
END STRUCT
```

と宣言することにより，学生のIDと学生氏名および3科目の成績の5つのメンバー変数をもつ構造体PERSONALINFO（成績簿）を定義することができる．これによりPERSONALINFO型の構造体配列変数，STUDENT(5)を宣言し，多様な処理が可能になる．ID，NAME$，EG，MA，JPをメンバー変数とよぶ．次の例題では学生氏名NAME$はA，B，C，D，Eとしている．

```
100    DEFINE STRUCT PERSONALINFO
110       ID
120       NAME$
130       EG
140       MA
150       JP
160    END STRUCT
170    STRUCT PERSONALINFO STUDENT(5)
180    STUDENT(1).ID=1:STUDENT(1).NAME$="A"
190    STUDENT(1).EG=100:STUDENT(1).MA=90:STUDENT(1).JP=60
200    STUDENT(2).ID=2:STUDENT(2).NAME$="B"
210    STUDENT(2).EG=78:STUDENT(2).MA=64:STUDENT(2).JP=90
220    STUDENT(3).ID=3:STUDENT(3).NAME$="C"
230    STUDENT(3).EG=90:STUDENT(3).MA=90:STUDENT(3).JP=85
240    STUDENT(4).ID=4:STUDENT(4).NAME$="D"
250    STUDENT(4).EG=67:STUDENT(4).MA=87:STUDENT(4).JP=63
260    STUDENT(5).ID=5:STUDENT(5).NAME$="E"
270    STUDENT(5).EG=75:STUDENT(5).MA=90:STUDENT(5).JP=77
280    FOR I=1 TO 5
290       PRINT STUDENT(I).ID,STUDENT(I).NAME$,STUDENT(I).EG,STUDENT(I).MA,STUDENT(I).JP
300    NEXT I
310    END
```

5.6 サブルーチン

プログラムの実行中に何度も同じ処理を実行する場合がある．たとえば，図5.8に示す多角形を複数の三角形に区切り，それぞれの三角形の面積を計算して全体の面積を計算する問題を考えてみよう．ヘロンの公式を用いて3辺の長さから面積を求めることが可能であることはすでに説明した．

ここで図5.8に示す多角形の面積を3角形1から3角形7に7分割して，それぞれの面積をヘロンの式を用いて面積を計算し，それぞれを加え合わせて全体の面積を求めてみよう．ただし，面積を計算する前にそれぞれの三角形の3つの辺の長さが三角形を構成する条件を満足しているどうかをチェックするものとする．3辺の長さのデータのみ異なるだけで，同じプログラムを7回も書き連ねるとしたらどうだろう．同じ処理プログラムを何度も繰り返して書くことでプログラムは長くなり，プログラムも読みづらくなる．このような場合には，この部分のプログラムをサブルーチンとするとよい．より見やすく，わかりやすいプログラムとなる．

上記の例では，全く同じ書き方をする「三角形の成立条件の評価」と「ヘロンの公式による面積計算」という「処理A」が何度も出てくる．図5.9(a)の流れ図に示すように，同じ「処理A」を書き連ねるとプログラムは長くなり，特にプログラムを修正する場合，何ヶ所にもある「処理A」についてすべて修正する必要がある．「処理A」を1つにまとめ，図5.9(b)のようにサブルーチン化するとプログラムは簡潔になり，「処理A」を修正する場合にも修正が一度で済む．

サブルーチンの記述は次に示す3つの方法で行うことができる．

① GOSUB 文で指定ラベルにジャンプし，処理を行った後に RETURN 文で戻る方法．
② CALL 文で SUB 文に指定したルーチンにジャンプし，END SUB 文で戻る方法．
③ FUNCTION 文で定義した関数名にジャンプし，END FUNCTION 文で戻る方法．FUNCTION 文のみ関数名に値を代入することで，呼び出し元に値をもどすことができる．

次にこれら3つの方法を簡単なプログラム例とともに紹介し，説明する．

◆5.6.1◆ GOSUB 文

GOSUB は最もよく用いられるサブルーチンの形である．次のような書式で表され，指定したラベル名，または行番号のサブルーチンを呼び出すことができる．

```
GOSUB <ラベル名/行番号>
```

```
100    '面積の計算
110    INPUT"c=";c
120    INPUT"h=";h
130    GOSUB MENSEKI    'GOSUB 160でもよい．
140    PRINT"MENSEKI=";S
```

```
150   END
160   MENSEKI:
170   S=c*h/2           '面積の計算
180   RETURN
```

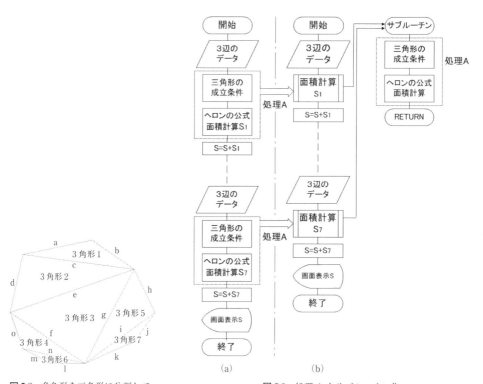

図 5.8 多角形を三角形に分割して面積を計算

図 5.9 処理 A をサブルーチン化

上述のプログラムでは，底辺の長さと高さ c, h はメインプログラムでもサブルーチンでも利用できる同一の場所に格納されている同一の変数である．

◆5.6.2◆ CALL，SUB 文

GOSUB と異なり，変数や値を記述することでサブルーチンに引数としてこれらを渡すことができる．次のような書式で定義され，SUB ～ END SUB で定義したサブルーチン名を指定する．

定義側：

　　SUB<サブルーチン名>(<引数>[,<引数>…])
　　　　　…
　　END SUB

呼び出し側：

CALL<サブルーチン名>[(<引数>[,<引数> ···])]

次のプログラムでは，変数 c, h を引数としてサブルーチンの X, Y に引き渡して面積を求める．すなわち，メインプログラムにおける数値変数 c, h の格納場所とサブルーチンで用いられている数値変数 X, Y を格納する場所は異なる．

```
100     '面積の計算
110     INPUT   "c=";c
120     INPUT "h=";h
130     CALL MENSEKI (c,h)
140     PRINT   "MENSEKI=";S
150     END
160     SUB MENSEKI(X,Y)
170        S=X*Y/2
180     END SUB
```

◆5.6.3◆ FUNCTION 文

FUNCTION という関数を定義することにより，メインのプログラムのなかで関数として利用できる．

定義側（1行のみ）：

DEF FN<関数名>[(<引数>[,<引数> ···])]=<戻り値>

定義側（複数行）：

FUNCTION <関数名>[(<引数>[,<引数> ···])]
　　···
END FUNCTION

```
100     '面積の計算
110     INPUT   "c=";c
120     INPUT   "h=";h
130     S=MENSEKI (c,h)
140     PRINT   "MENSEKI=";S
150     END
160     FUNCTION   MENSEKI(X,Y)
170        MENSEKI=X*Y/2
180     END FUNCTION
```

◆5.6.4◆ 特定キーによる割り込み処理（ON KEY GOSUB，ON STOP GOSUB，ON GOSUB）

特定のキー，たとえば，ファンクションキーや Pause/Break を押すと特定のプログラムを実行することができる．その書式は次のようにまとめることができる．

①ファンクションキーの番号1から12を割り当てる．

```
ON KEY GOSUB <ラベル名/行番号>
KEY ON
```

② Crtl + C ，Pause/Break キーを用いる．

```
ON STOP GOSUB <ラベル名/行番号>
STOP ON
```

③＜数式＞の値を用いる．

```
ON <数式> GOSUB <ラベル名/行番号>
```

これらの特定のプログラムはラベル名，あるいは行番号を指定してサブルーチンとして呼び出すことができる．

5.7 時刻，タイマーによる割り込み処理（ON TIME$ GOSUB, ON TIMER GOSUB）

特定の時刻が来たときに特定のプログラムを実行する場合には，次の書式を用いてサブルーチンを呼び出し，実行できる．

```
ON TIME$=<時刻> GOSUB <ラベル名/行番号>
TIME$ ON
```

ON TIME$ GOSUB ～では時刻を指定して TIME$ ON により割り込みを許可する．たとえば，次のプログラムは，時刻を指定した後，時刻を1秒ごとに画面表示し，指定時刻になるとディジタル出力ポート端子1から1を出力する．

指定時刻になるとサブルーチンの行番号340で FLAG = TRUE となり，メインのプログラムの行番号190から行番号260の DO LOOP からぬけてプログラムは終了する．

```
100   PRINT TIME$
110   '時刻を設定
120   INPUT "Time=?(  :  :  )";T$
130   FLAG = FALSE
140   '定時刻になったときの分岐先を定義
150   ON TIME$=T$ GOSUB SHOW_TIME
```

5.7 時刻，タイマーによる割り込み処理（ON TIME$ GOSUB, ON TIMER GOSUB）

```
160     '割り込みの設定を許可
170     TIME$ ON
180     '定時刻になるまで時刻を表示
190     DO
200        IF FLAG = TRUE THEN
210              EXIT DO
220        ELSE
230              PRINT TIME$
240              SLEEP 1
250        END IF
260     LOOP
270     '終了
280     END
290     '定時刻になった時の処理
300     SHOW_TIME:
310        TIME$ OFF
320        PRINT T$;"になりました"
330        DOOPEN
340        DOPORT(1)=1
350        DOCLOSE
360        FLAG = TRUE
370     RETURN
```

一定時間ごとに特定のプログラムを実行する場合には次の書式を用いる．数値は ms（ミリ秒）で与える．

```
ON TIMER=<数値> GOSUB <ラベル名/行番号>
TIMER ON
```

以下のプログラムでは 20 ms ごとにタイマー割り込みを発生させ，サブルーチン EVENT で 1000 回数えて 20 s の経過を検出している．EVENT というラベルをつけたサブルーチンにおいてディジタル入出力，AD 変換信号入力などを実行することができ，この機能は一定時間ごとに気温や装置の温度を測定したり，スイッチの ON/OFF 状態を検出するような計測・制御を行うときに有用である．

サブルーチン EVENT で特定の処理を 1000 回繰り返し，前述のプログラムと同様に FLAG = TRUE により DO LOOP をぬける．

```
100     CLS
110     DIM D(1000)
```

```
120   I=0
130   FLAG=FALSE
140   '定時刻になった時の分岐先を定義
150   ON TIMER=20 GOSUB EVENT
160   '割り込みの設定を許可
170   TIMER ON
180   '定時刻になるまでIを表示
190   PRINT TIME$
200   DO
210      IF FLAG=TRUE THEN
220            EXIT DO
230      ELSE
240            PRINT I
250      END IF
260   LOOP
270   PRINT TIME$
280   '終了
290   END
300   '定時刻になった時の処理
310   EVENT:
320      I=I+1
330      IF I=1000 THEN
340            FLAG=TRUE
350            TIMER OFF
360            PRINT "20s経過しました."
370      END IF
380   RETURN
```

5.8 再帰的呼び出し

再帰呼出しとは「あるプログラムを定義しているときに定義しているプログラム本体のなかでそのプログラム自身を呼び出すこと」である．

たとえば，Nの階乗$N!$は次のような計算である．

```
N! =N*(N-1)*…:*2*1
   =N*(N-1)!
```

```
       ...
       =N*(N-1)*・・・*2*1!
```

ここで「*」は積（×）を表す．

このように N の階乗 $N!$ を求める場合，$(N-1)$ の階乗 $(N-1)!$ に N を掛ければよい．さらに $(N-1)!$ は $(N-1)$ に $(N-2)!$ を掛ける．以下，最後は $2 \times 1!$ となる．さらに $1 \times 0!$ まで実行すると全体の積が 0 となるので，$N = 0$ のとき繰り返しを停止し，計算を終える．

N の階乗を求めるために自分自身を呼び出すプログラム構造となっている．これを「再帰的呼び出し」という．すなわち，階乗の定義のなかで階乗というプログラムを呼び出している．

```
100     '階乗の計算
110     INPUT    "N=";N
120     PRINT N,FACTORIAL(N)
130     END
140     'Nの階乗の関数を定義する
150     FUNCTION   FACTORIAL(N)
160         'N=0のときFACTORIAL(0)=1として関数計算を抜ける
170         IF N=0 THEN
180             FACTORIAL=1
190             EXIT FUNCTION
200         ELSE
210             FACTORIAL=FACTORIAL(N-1)*N
220         END IF
230     END   FUNCTION
```

たとえば，$N = 3$ のときの実行行番号をトレースすると以下のようになる．

```
[110],[120]
    [150],[160],[170],[210](N=3),
        [150],[160],[170],[210](N=2),
            [150],[160],[170],[210](N=1),
                [150],[160],[170],[180](N=0)
            [220],[230]
        [220],[230]
    [220],[230]
[130]
```

$N = 3, 2, 1, 0$ のとき行番号 150 に飛び,再帰呼び出しが行われていることがわかる.ただし,$N = 0$ のとき行番号 180 に飛び,それぞれの FUNCTION の呼び出しに対応して END IF,END FUNCTION の実行を 3 回繰り返し,プログラムの実行を終了する.このプログラムの流れについては第 11 章の統合開発環境のところで再びとりあげる.

実際に i99-BASIC では $N = 67$ の階乗まで求めることができ,$3.6471110181887 \times 10^{94}$ が得られる.再帰的呼出の例題として第 10 章で簡単な人工知能プログラム「ハノイの塔」にチャレンジする.

ところで,階乗の計算は再帰呼び出しを用いなくてもプログラムを作成できる.

```
100     '階乗の計算
110     INPUT "N=";N
120     FACTORIAL=1
130     FOR I=N TO 1
140         FACTORIAL=FACTORIAL*I
150     NEXT I
160     PRINT N,FACTORIAL
170     END
```

再帰的呼び出しを利用するプログラムでは $N = 67$ までの計算のみ可能であったが,上記プログラムでは,$N = 166$ のとき,$9.003691750577843 \times 10^{297}$ までの計算が可能である.さらに N の値を大きくすると,たとえば,$N = 180$ では Inf と表示され,計算値は実数で扱える範囲を越え,オーバーフローする(5.11 節参照).

5.9 ファイルの入出力

プログラムで演算処理した結果を画面表示し,ファイルに保存するとき,テキストデータとして保存される.たとえば,数値データをテキストファイルとして保存する場合にどのような形でファイルに格納されるのだろう.日常生活で何か必要な事項を書きとめる場合,ノートを開き,筆記用具等を準備して書き込みの準備をする.プログラムのなかでもデータをファイルに書き込む場合,

OPEN "ファイル名.拡張子" FOR OUTPUT AS #<ファイル番号>

のように記述する.

ファイル名は,「○○….TXT」や「□□….DAT」のようにファイルの内容と関連のある名前をつけ,ファイル名と拡張子は「.(ドット)」で区切る.ファイル番号はオープンするファイルに関連付ける一意の数値を 1 〜 15 の範囲で指定する.

書き込みが終了したら,ノートを閉じて終了する.ノートを開いたままにしておくと,

落書きされたり，データが失われたりする危険性がある．開いていたファイルをクローズするときには，

  CLOSE　[[#]<ファイル番号>[,<ファイル番号>…]

とする．ファイル番号を省略するとオープンされているファイルをすべてクローズする．
 実際にファイルが生成されているか確かめるためには次のように FILES コマンドを使用する．

  FILES　Enter

では，BASIC のプログラムのみ画面にリスト表示されるので，

  FILE "",A　Enter

とすると，プログラムの中で入出力を行う "*.TXT"，"*.DAT"," *.PNG"，"*.JPG" など，他の拡張子をもつファイルを画面に表示できる．
 さらに

  FILES "",AF　Enter

とすればファイルを作成した日時とファイルの大きさも表示できる．
 過去に書きとめたことを読む場合にもノートを開く必要があり，読みだす場合には OUTPUT を INPUT と宣言する必要がある．

  OPEN "ファイル名.拡張子" FOR INPUT AS #<ファイル番号>

 同じファイル名で書き込みを行うと，前に存在したファイルに上書きされ以前のファイルは消えてしまうので注意する．以前のファイルに追加して書き込む場合は，OUTPUT を APPEND とする．

  OPEN "ファイル名.拡張子" FOR APPEND AS　#<ファイル番号>

 さらに，データの書き込みを行うときの書式は

  PRINT #<ファイル番号>,<式>[;または,<式>...]

または

  WRITE #<ファイル番号>,<式>[,<式>...]

である．
 それでは，次のような簡単なプログラムを作成し，書式の違いにより数値変数と文字変数がどのような形でファイルに記録されるか調べてみよう．数値，および文字列の出力を次のコマンドで実行する．

テキスト A には，

```
PRINT #1,A;B;C
PRINT #1,E$;F$
```

テキスト B には，

```
PRINT #1,A,B,C
PRINT #1,E$,F$
```

テキスト C には，

```
WRITE #1,A,B,C
WRITE #1,E$,F$
```

を実行して次の数値と文字列を記録した．

```
A=10:B=-20:C=30
E$="Hello":F$="i99-BASIC"
```

```
100  A=10:B=-20:C=30
110  E$="Hello":F$="i99-BASIC"
120  '「;」で区切ってPRINT出力
130  OPEN "A.TXT" FOR OUTPUT AS #1
140  PRINT #1,A;B;C              ' 数値
150  PRINT #1,E$;F$               ' 文字列
160  CLOSE #1
170  '「,」で区切ってPRINT出力
180  OPEN "B.TXT" FOR OUTPUT AS #1
190  PRINT #1,A,B,C              ' 数値
200  PRINT #1,E$,F$               ' 文字列
210  CLOSE #1
220  'WRITE出力
230  OPEN "C.TXT" FOR OUTPUT AS #1
240  WRITE #1,A,B,C              ' 数値
250  WRITE #1,E$,F$               ' 文字列
260  CLOSE #1
270  END
```

実行結果を表 5.3 と表 5.4 の 2 つの表にまとめた．

gedit テキストエディタなどのテキストファイルを表示するソフトウェアで，これら 3

表 5.3 数値を異なる書式で出力した場合の出力結果

ファイル名	数値の出力	出力結果
A.TXT	PRINT #1,A;B;C	10 -20 30
B.TXT	PRINT #1,A,B,C	10 -20 30
C.TXT	WRITE #1,A,B,C	10,-20,30

表 5.4 文字列を異なる書式で出力した場合の出力結果

ファイル名	文字列の出力	出力結果
A.TXT	PRINT #1,E$;F$	Helloi99-BASIC
B.TXT	PRINT #1,E$,F$	Hello i99-BASIC
C.TXT	WRITE #1,E$,F$	"Hello","i99-BASIC"

表 5.5 上記数値出力,文字列出力ファイルをテキストエディタで開いた結果

	「;」で区切る場合	「,」で区切る場合
数値	項目の前後に空白が付加	一定間隔ごとまで空白が付加+項目の前後に空白が付加
文字列	項目の前後に空白は無い	一定間隔ごとまで空白が付加

つのテキストファイルを開くと表5.5のようになる.ここで項目はA,B,C,E$,F$のことである.

Microsoft Excelでこれらのファイルを読み込むとき,空白もしくは「,(カンマ)」文字などの記号を項目区切りとして読み込むことが可能である.このような出力特性を知っていれば,i99-BASICでデータを収集し,ファイルへ出力することにより,Excelなどの外部ツールでファイルを読み取り,解析を行うことができる.Excelのようなツールで読み込むことを考えると,WRITE # コマンドを用いるとよい.

それでは,出力したファイルを読みとってみよう.まず,読み込み用にファイルを開く必要がある.読み込みの指定は書き込みのとき「FOR OUTPUT」としていたのを,読み込みでは「FOR INPUT」と指定すればよい.

```
OPEN "ファイル名.拡張子" FOR INPUT AS #<ファイル番号>
```

また,ファイルから数値や文字列として読みとるには次に示すINPUT # コマンドを用いる.

```
INPUT #<ファイル番号>,<変数名> [,<変数名> ... ]
```

INPUT # で数値や文字列などのそれぞれの項目を読みとるためには,次に示すように区切って読み込めばよい.

①数値を読みとる場合は,空白または「,」または改行を区切りとする.

②文字列を読みとる場合は,「,」または改行を区切りとする.両端に「"(ダブルクオーテーション)」があればこれを無視する.

それでは，先のプログラムで出力したファイルを読みとってみよう．

```
100    'A.TXTを読みとる(「;」で区切ってPRINT出力)
110    OPEN "A.TXT" FOR INPUT AS #1
120    INPUT #1,A,B,C
130    INPUT #1,E$       '「Helloi99-BASIC」とひとかたまりとし
                          て読みとる
140    PRINT A,B,C
150    PRINT E$
160    CLOSE #1
170    'B.TXTを読みとる(「,」で区切ってPRINT出力)
180    OPEN "B.TXT" FOR INPUT AS #1
190    INPUT #1,A,B,C
200    INPUT #1,E$       '「Hello   i99-BASIC」とひとかたまり
                          として読みとる
210    PRINT A,B,C
220    PRINT E$
230    CLOSE #1
240    'C.TXTを読みとる(WRITE出力)
250    OPEN "C.TXT" FOR INPUT AS #1
260    INPUT #1,A,B,C
270    INPUT #1,E$,F$
280    PRINT A,B,C
290    PRINT E$,F$
300    CLOSE #1
310    END
```

このように数値や文字列などの情報をファイルに出力したり，数値として入力したりすることができる．そうすることで他のツールに読みとらせて解析させたり，記録としてコンピュータの電源を切った後も，利用可能な情報として残したりすることができる．

これまでの事例は，書き込まれているファイルの量があらかじめわかっている場合であった．現在，読みとろうとするファイルが読みとり可能かどうかを知るには，EOF関数を用いる．

EOF(<ファイル番号>) -> ファイルが終端の場合TRUE / 終端でない場合はFALSE

ファイルから，文字列を読みとれるだけ読みとるプログラムを以下に示す．

```
100   OPEN "A.TXT" FOR INPUT AS #1
110   WHILE EOF(1) = FALSE
120      INPUT #1, A$
130      PRINT A$
140   WEND
150   CLOSE #1
```

読みとった文字列を数値に変換するには VAL 関数を用いるとよい．

```
VAL("文字列表記の数値")  ->  <数値>
```

たとえば，以下の文字列 "123" は，数値の 123 が変数 V に得られる．

```
V = VAL("123")
```

また，"10 20 30" の文字列の中から一部分の文字列を取り出すには LEFT\$ 関数，RIGHT\$ 関数，MID\$ 関数を用いる．先の VAL 関数と組み合わせることで文字列の加工と数値化が可能となる．

先のファイル出力プログラムで生成されたテキストファイル A.TXT と B.TXT は空白，あるいは項目が詰めて出力されていた．これに対して C.TXT は各項目が「，（カンマ）」で区切られている．INPUT # コマンドおよび FINPUT コマンドは「，」で区切られた情報を 1 つの項目として認識するので，以下のように記述することでファイル出力時に出力した項目を 1 項目ごとに読みとることができる．

```
100   FINPUT "C.TXT", A, B, C
110   FINPUT "C.TXT", E$, F$
120   PRINT A, B, C
130   PRINT E$, F$
140   END
```

さらに，このプログラムは INPUT # コマンドを用いても同じように記述できる．

```
100   OPEN "C.TXT" FOR INPUT AS #1
110   INPUT #1, A, B, C
120   INPUT #1, E$, F$
130   PRINT A, B, C
140   PRINT E$, F$
150   CLOSE #1
160   END
```

5.10 並列動作（マルチスレッド）

スレッドとは1つのプログラムが動く単位のことで，マルチスレッドは2つ以上のプログラムが同時に並行して動くことをいう．これまでのBASIC言語は1つの処理しかできなかった（シングルスレッド）が，i99-BASICはマルチスレッド機能をもち，2つ以上の処理を同時に並行して動かすことができる．

1から10000までの和を求めるプログラムについては繰り返し処理（FOR〜NEXTループ）のところでとりあげた．ここでは2つのタスク（仕事）に分け，2つのスレッドを並行して動作させて総和を求める．ただし，1つのCPUで2つのスレッドを実行させるので，スレッドの切り替えの制御などで1つのスレッドで計算する場合より時間がかかる．この例題ではスレッド1で1から5000までの和を，スレッド2で5001から10000までの和を求め，最後にスレッド0でそれぞれの和を合計する．

```
100    'ATTACH THREAD サンプルプログラム
110    CLS
120    'S1=S1+Iの計算とS2=S2+Jの計算を行う
130    S1=0:I=0
140    S2=0:J=5000
150    PRINT "ATTACH THREAD"
160    PRINT TIME$
170    '2つのスレッドを作成し,実行
180    ATTACH THREAD 1, THREAD1
190    ATTACH THREAD 2, THREAD2
200    'Iは1から5000まで,Jは5001から10000の範囲で加算
210    DO
220       IF (I>5000) AND (J>10000) THEN
230          EXIT DO
240       END IF
250    LOOP
260    'スレッドを終了
270    PRINT "DETACH THREAD"
280    DETACH THREAD 1
290    DETACH THREAD 2
300    PRINT "S1 = "; S1; ", S2 = "; S2,", S= ";S1+S2
310    PRINT TIME$
320    END
330    'スレッド1の処理
```

```
340   THREAD1:I=I+1
350      IF I <5001 THEN
360         S1 = S1 + I
370      END IF
380   GOTO THREAD1
390   'スレッド2の処理
400   THREAD2:J=J+1
410      IF J < 10001 THEN
420         S2 = S2 + J
430      END IF
440   GOTO THREAD2
```

5.11 エラー処理

プログラムを作成し，実行するとき，変数がオーバーフローする，$\sqrt{}$（根号）の中身が負になる，キーボード入力で変数の型を間違って入力する場合は多い．

i99-BASIC では，

変数 Z がオーバーフローするとき，	Z inf
平方の中身が負のとき，	Z -nan
変数の型が異なる入力があったとき，	Redo from start

の表示が画面に出力され，プログラムの実行は続けられる．これに対し，割り算を実行するとき，たとえば，0で割ったときにはプログラムはその行番号で停止する．

次に示すプログラムはキーボードから X と Y の2つの値を入力し，$Z = X/Y$ を求める簡単なプログラムである．

```
100   INPUT "X=";X
110   INPUT "Y=";Y
120   Z=X/Y
130   PRINT "Z="; Z
140   GOTO 100
```

このプログラムを実行し，たとえば，$X = 35$，$Y = 0$ を入力すると，

```
エラー発生!! 行番号:120(桁位置:8) 行内容:[120 Z=X/Y]
Code:27(0による除算が実行されました) [右辺値を確認下さい]
break in 120
120   Z=X/Y
```

というメッセージが画面に表示され，プログラムの実行は停止する．

このような例では，Y = 0 の場合は IF 文を用いて再入力を求めるプログラムに変更することが簡単にできる．しかし，複雑な数式処理を行うと 0 による除算が実行される場合もあり，最初から全体を見通したプログラムを作成することは困難である．

このような場合，ON ERROR GOSUB を用いると，エラーが発生してもプログラムの実行は停止しない．

```
100   ON ERROR GOSUB ERR_SHORI
110   INPUT "X=";X
120   INPUT "Y=";Y
130   Z=X/Y
140   PRINT "Z=";Z
150   GOTO 110
160   ERR_SHORI:
170   PRINT "0で割っています."
180   RETURN
```

ON ERROR GOSUB は次のような書式で用いる．

```
ON ERROR GOSUB <ラベル名/行番号>
```

GOSUB 形式なので，RETURN 文でメインルーチンに戻る．

上記プログラムを実行し，たとえば，X = 35, Y = 0 を入力すると，次のようなプログラムの動きとなる．

①サブルーチン ERR_SHORI に飛び，行番号 170 を実行する．

```
170   PRINT "0で割っています."
"0で割っています."
```

の表示を出力したのち，

②行番号 180 の RETURN 文を経て，メインルーチンの行番号 140 に戻る．

```
140   PRINT "Z=";Z
```

PRINT 文の実行により変数 Z の内容が画面に表示される．このとき，変数 Z に割り当てられているメモリの内容が表示される．

③このプログラムでは行番号 150 で

```
150 GOTO 110
```

を実行し，再びキーボード入力の行番号 110 に戻る．

図5.10 に，上記2つのプログラムリストと実行結果の画面表示を示した．

図 5.10 エラー処理のプログラムと実行結果

COLUMN_03　CDで提供された F-BASIC 386 ■

1987（平成2）年に地元広島の企業から商品持ち出し防止用のタグの共振周波数の設計依頼があった．最初は円形コイルの巻き数，内径，外径から共振周波数を実験式を計算するところから始まった．N88-BASIC で共振周波数の計算を行い，利用する企業の方も簡単にプログラムを変えてアレンジすることができた．1989年には富士通から FM/TOWNS が発売され，高速でコンパイラをもつ F-BASIC 386 が利用できるようになり，矩形コイルやより複雑な形

図 BASIC を用いて共振周波数を計算

状のコイルのインダクタンスを電磁気学の基本式を用いて計算し，企業に貢献することができた．この取り組みは2009年1月25日（日）放送の広島テレビ「夢の通り道」に紹介された．

第6章
◆
グラフィックス

　コンピュータの内部メモリの大容量化と高性能化に伴い，画面表示の高解像度化が進み，グラフィックスを利用したカラフルでわかりやすく，高度な表現が可能になってきた．図形表示に必要な色表現，点，直線，円，長方形を描くための関数，さらに文字をグラフィックスとして描画させる関数を紹介する．

6.1　グラフィック画面への描画

　色の3原色は青，赤，緑であり，それぞれ数値1, 2, 4で与えられている．これにより，たとえば

　　　青（1）＋赤（2）を混ぜると紫（3）
　　　青（1）＋緑（4）を混ぜると青緑（5）
　　　赤（2）＋緑（4）を混ぜると黄（6）
　　　青（1）＋赤（2）＋緑（4）を混ぜると白（7）

となる．この色の表現方法は加法混色といわれ，ディスプレイにおける発色の表現方法として用いられている．以下，よく用いられるグラフィック関数を紹介する．［　］で囲んだパラメータは省略でき，この場合，直前までに指定したパラメータが有効となる．プログラムの中で指定しない場合には，デフォルト値で表示される．たとえば，色の場合は白である．

　以下に述べる点や線を描画するコマンドで，色指定を行う際のカラーコード（数値）と色の関係を表6.1に示す．

表6.1　カラーコードによる色の表現

カラーコード	色
0	黒
1	青
2	赤
3	紫
4	緑
5	青緑
6	黄
7	白

◆6.1.1◆ 点の描画（PSET 文）

計測結果や数値計算の結果をグラフに表す場合によく用いられるのが，

```
PSET(X座標,Y座標)[,色]
```

である．X，Y 座標をピクセル単位で指定し，点を描画する．ピクセル単位なので点が見えづらいときには X，Y 座標を中心とする半径の小さな円で描画し，表示するとよい．特に指定しなければ，X 座標および Y 座標の原点は左上の（0,0）となる．たとえば，

```
PSET(200,100)
```

と指定すると画面の左上から右へ 200 ピクセル，下へ 100 ピクセル移動したところに点が描画される．

◆6.1.2◆ 直線（LINE 文）

```
LINE(始点のX座標,始点のY座標)-(終点のX座標,終点のY座標)[,色]
```

を用いて画面上に直線を引くことができる．直線の色はカラーコード 0～7 で指定する．たとえば，始点（0,0）と終点（300,200）を緑色（カラーコード 4）の直線で結ぶ場合，

```
LINE(0,0)-(300,200),4
```

である．

◆6.1.3◆ 円，円弧，扇形（CIRCLE 文）

```
CIRCLE(中心のX座標,中心のY座標),半径,[色],[開始角度],[終了角
度],[塗りつぶしスイッチ]
```

により，円，円弧，扇形を描画することができる．開始角度，終了角度は，°（度）で与える．たとえば，

```
CIRCLE(600,500),100
```

を実行すると X，Y 座標（600,500）を中心とする半径 100 の円が画面に描画される．

◆6.1.4◆ 長方形（RECTANGLE 文）

```
RECTANGLE(始点のX座標,始点のY座標)-(横幅,縦幅),[塗りつぶしス
イッチ],[色]
```

により長方形を描画することができる．たとえば，

```
RECTANGLE(100,100)-(300,200),,3
```

を実行すると X，Y 座標（100,100）を左上頂点とする横 300，縦 200 の長方形が画面に描画される．

◆6.1.5◆　文字の描画（DRAWTEXT 文）

　文字を描画する関数は，ブロック図やフローチャートをグラフィックスで表現する場合や計測結果をグラフに表す場合に座標軸の項目，目盛の数値などを描画する場合に非常に便利である．文字，文字列を（X，Y）座標で指定したい位置に描画でき，フォントサイズやフォント名，文字の色も選べる．次のような書式で用いる．

```
DRAWTEXT(X座標,Y座標),文字列,[フォントサイズ],[フォント名],
[色]
```

ここで，X，Y 座標は描画される文字の左上の座標値である．

◆6.1.6◆　画像ファイルの描画（DRAWFILE 文）

　コンソール画面に指定した画像を描画する場合は，

```
DRAWFILE (X座標,Y座標),"画像ファイルパス"
```

とする．X，Y 座標は描画される表示画像の左上の座標値である．指定できるファイルは JPEG，PNG 形式である．たとえば，コンソール画面上の X 座標が 100，Y 座標が 100 の位置に yuki.png という画像ファイルを描画するとき，次のように記述すればよい．

```
DRAWFILE (100, 100),"yuki.png"
```

◆6.1.7◆　図形描画の様式（DRAWSTYLE 文）

　DRAWSTYLE を用いて図形描画の様式を設定できる．次の書式で与えられる．

```
DRAWSTYLE キー名=値 [,キー名=値 ...]
```

　様式の設定を行う際のキー名と代入値を指定する．たとえば，線幅を 10 とする場合には，キー名が LINEWIDTH，値が 10 となる．

```
DRAWSTYLE LINEWIDTH=10
```

を先に実行しておけばよい．棒グラフなどの表示に便利である．指定しなければ線幅は 1 となる．

　ここでは，様式設定の例をもう 1 つ紹介しておこう．コンソール画面を利用してグラフを描く場合，グラフィック画面の原点の位置はデフォルトでは左上にある．ただ，画面左下を原点にしてグラフィックスやグラフを描くことの方が多いように思われる．キー名を ORIGINPOS とし，値を 0，あるいは 1 としてグラフィック描画時の原点の位置を指定できる．

　たとえば，

```
DRAWSTYLE ORIGINPOS=1
```

とするとき，左下がグラフィック画面の原点となる．何も指定しない場合には左上が原点となる．

それでは，グラフィックスを用いたプログラムを紹介していこう．まず，加法混色の原理を示すプログラム例を示す．異なる色を混ぜ合わせるとどのような色になるだろう．3原色を混ぜ合わせてできる色を3つの内部を塗りつぶした円と直線を用いて表現したものである．それぞれの円の色はグラフィック画面に文字を描画して行い，直線幅は10としている．図 6.1 に実行結果を示す．カラーコード1の青とカラーコード4の緑を混ぜるとカラーコード5の青緑になることを示した例である．

画面にグラフィックスを表示させる場合には，一般にプログラム開始直後にテキスト画面およびグラフィック画面をクリアする場合が多い．

第5章ですでに説明したようにテキスト画面をクリアする場合には，

    CLS　あるいは，　CLS 1

である．いっぽう，グラフィック画面のみをクリアする場合には，

    CLS 2

また，テキスト画面とグラフィック画面を両方クリアする場合には，

    CLS 3

を実行すればよい．CLS あるいは CLS 3 を実行すると，命令によって出力された図形や文字列がクリアされるだけでなく，DRAWSTYLE などのグラフィック描画に関する関数もクリアされ，無効になる．

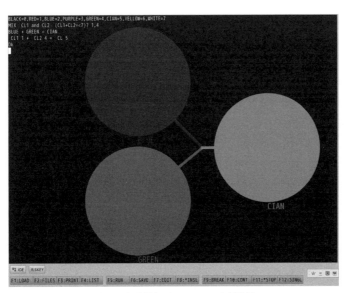

図 6.1　加法混色プログラムの実行結果

```
100  CLS 3
110  'CL$()カラーコード
120  DIM CL$(10)
130  CL$(0)="BLACK"
140  CL$(1)="BLUE"
150  CL$(2)="RED"
160  CL$(3)="PURPLE"
170  CL$(4)="GREEN"
180  CL$(5)="CIAN"
190  CL$(6)="YELLOW"
200  CL$(7)="WHITE"
210  PRINT "BLACK=0,RED=1,BLUE=2,PURPLE=3,GREEN=4,CIAN=5,YELLOW=6,WHITE=7"
220  '加法混色 2つの内部を塗りつぶした円を混ぜる.
230  INPUT "MIX  CL1 and CL2  (CL1+CL2=<7)";CL1,CL2
240  '線幅を10にする半径200の円を指定されたカラーコードで塗りつぶす
250  DRAWSTYLE LINEWIDTH=10
260  CIRCLE (500,250),200,CL1,1,,1
270  'カラーテキストをグラフィックスで表示
280  DRAWTEXT (500,450),CL$(CL1),24,32
290  LINE (500,250)-(750,500),CL1
300  '塗りつぶしスイッチを1とする
310  CIRCLE (500,700),200,CL2,1,,1
320  DRAWTEXT (500,900),CL$(CL2),24,32
330  LINE (500,700)-(750,500),CL2
340  '加法混色
350  CL=CL1 OR CL2
360  PRINT CL$(CL1);" + ";CL$(CL2);" = ";CL$(CL1 OR CL2)
370  PRINT "CL1 ";CL1;" + ";"CL2 ";CL2;" = ";"CL ";CL
380  LINE (745,500)-(1000,500),CL
390  CIRCLE (1000,500),200,CL,1,,1
400  DRAWTEXT (1000,700),CL$(CL),24,32
410  END
```

6.2 グラフィカル・ユーザインタフェース

表 6.2 グラフィック関数

関数	機能
ARC	コンソール画面に円弧を描画する.
CIRCLE	コンソール画面に円を描画する.
DRAWFILE	コンソール画面に画像ファイルを描画する.
DRAWSTYLE	図形描画のスタイルを設定する.
DRAWTEXT	コンソール画面に文字を描画する.
LINE	コンソール画面に線分を描画する.
PRESET	コンソール画面に描画された点を消去する.
PSET	コンソール画面に点を描画する.
RECTANGLE	コンソール画面に矩形を描画する.

6.2 グラフィカル・ユーザインタフェース

設定したウィンドウ内部に線，円弧，さらに文字列，画像ファイルなどの部品をグラフィックス表示することができる．

次に示す図形描画サンプルプログラム「GUG.BAS」では，行番号 130 から 170 で，ウィンドウのラベル名，ここでは「TEST」，ウィンドウの描画領域の大きさの指定，文字のフォント名やフォントの大きさなどを設定している．ウィンドウはすでに説明したテキスト画面，グラフィック画面とは独立な画面である．図 6.2 にコンソール画面への画像表示結果を示す．

プログラム内で，線幅の設定，円弧（楕円），円，矩形，点，斜線，水平線，文字列，画像ファイルをグラフィック画面に描画しているので，これらのパラメータを参考にしてほしい．なお，画像ファイルは，フォルダ「SAMPLE」にある LOGO.PNG である．

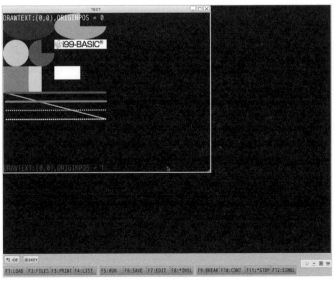

図 6.2　コンソール画面への部品の画像表示結果

```
100  '図形描画(GUG.BAS) サンプルプログラム
110  'Copyright 2013 Interface Corporation
120  '=======================================
130  'ウィンドウと描画領域
140  @SIZE = "800, 600"
150  @FONT = "32,0,0,24,8,1"
160  GUWIN 1,"TEST", 1, ,@SIZE, ,
170  GUPIC 1, 10, 0, @FONT, @SIZE, ,
180  '線幅の設定
190  GUGDRAWSTYLE PIC, 10,LINEWIDTH = 1
200  '円弧(楕円)
210  GUGARC PIC, 10,(0, 0) - (200, 100),TRUE, 1,
     0, 360
220  GUGARC PIC, 10,(200, 0)- (200, 100),TRUE, 2,
     90, 360
230  '円
240  GUGCIRCLE PIC, 10,(50, 150),50, 3, 0, 360,
     TRUE
250  GUGCIRCLE PIC, 10,(150, 150),50, 4, 90, 360,
     TRUE
260  '矩形
270  GUGRECTANGLE PIC, 10,(0, 200) - (100, 100),
     TRUE, 5
280  GUGRECTANGLE PIC, 10,(100, 200) - (50, 100),
     TRUE, 6
290  GUGRECTANGLE PIC, 10,(200, 200) - (100, 50),
     TRUE, 7
300  '斜線
310  GUGDRAWSTYLE PIC, 10,FGCOLOR = 3, LINEWIDTH =
     4, LINESTYLE = 0
320  GUGLINE PIC, 10,(10, 300) - (400, 400)
330  '水平線
340  GUGDRAWSTYLE PIC, 10,FGCOLOR = 4, LINEWIDTH =
     8, LINESTYLE = 0
350  GUGLINE PIC, 10,(10, 300) - (400, 300)
360  GUGDRAWSTYLE PIC, 10,FGCOLOR = 5, BGCOLOR =
```

```
            5, LINEWIDTH = 8, LINESTYLE = 2, CAPSTYLE = 2
370    GUGLINE PIC, 10,(10, 333) - (400, 333)
380    GUGDRAWSTYLE PIC, 10,FGCOLOR = 6,BGCOLOR = 4
            ,LINEWIDTH = 4, LINESTYLE = 1, CAPSTYLE = 0
390    GUGLINE PIC, 10,(10, 366) - (400, 366)
400    GUGDRAWSTYLE PIC, 10,FGCOLOR = 7 ,BGCOLOR =
            4,LINEWIDTH = 4, LINESTYLE = 2
410    GUGLINE PIC, 10,(10, 400) - (400, 400)
420    '点
430    GUGPSET PIC, 10,(10, 420),6
440    GUGPSET PIC, 10,(20, 420),6
450    GUGPRESET PIC, 10,(20, 420),5
460    '上下の文字列
470    GUGDRAWSTYLE PIC, 10,FGCOLOR = 7, ORIGINPOS =
            0
480    GUGDRAWTEXT PIC, 10,(0,0),"DRAWTEXT:(0,0),ORI
            GINPOS = 0", 20
490    GUGDRAWSTYLE PIC, 10,FGCOLOR = 7, ORIGINPOS =
            1
500    GUGDRAWTEXT PIC, 10,(0,0),"DRAWTEXT:(0,0),ORI
            GINPOS = 1", 20, 32, 4
510    'PNG画像
520    GUGDRAWSTYLE PIC, 10, ORIGINPOS = 0
530    GUGDRAWFILE PIC, 10,(200, 100),"/SAMPLE/LOGO.
            PNG"
540    GUSHW 1
550    END
```

以下のプログラム「DRAW.BAS」は上記 GUG.BAS と同じ図形，文字，画像ファイルをグラフィック画面に描画するプログラムである．これら2つのプログラムにおいて同一行番号で同一の描画を行っている．図 6.3 に画像表示結果を示す．

```
100    '図形描画 サンプルプログラム DRAW.BAS
110    'Copyright 2013 Interface Corporation
120    '============================
130    'GUG.BASと同一の描画
140    '同一行番号で同一描画
```

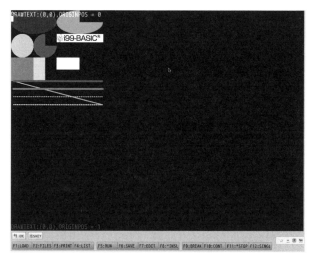

図 6.3　グラフィックス画面への画像ファイル表示結果

```
150    '図形,文字,画像の描画
160    '画面のクリア
170    CLS 3
180    '線幅の設定
190    DRAWSTYLE LINEWIDTH = 1
200    '円弧（楕円）
210    ARC (0, 0) - (200, 100),TRUE, 1, 0, 360
220    ARC (200, 0)- (200, 100),TRUE, 2, 90, 360
230    '円
240    CIRCLE (50, 150),50, 3, 0, 360, TRUE
250    CIRCLE (150, 150),50, 4, 90, 360, TRUE
260    '矩形
270    CTANGLE (0, 200) - (100, 100),TRUE, 5
280    RECTANGLE (100, 200) - (50, 100),TRUE, 6
290    RECTANGLE (200, 200) - (100, 50),TRUE, 7
300    '斜線
310    DRAWSTYLE FGCOLOR = 3, LINEWIDTH = 4,
       LINESTYLE = 0
320    LINE (10, 300) - (400, 400)
330    '水平線
340    DRAWSTYLE FGCOLOR = 4, LINEWIDTH = 8,
       LINESTYLE = 0
350    LINE (10, 300) - (400, 300)
```

```
360  DRAWSTYLE FGCOLOR = 5, BGCOLOR = 5,
     LINEWIDTH = 8, LINESTYLE = 2, CAPSTYLE = 2
370  LINE (10, 333) - (400, 333)
380  DRAWSTYLE FGCOLOR = 6,BGCOLOR = 4,LINEWIDTH
     = 4, LINESTYLE = 1, CAPSTYLE = 0
390  LINE (10, 366) - (400, 366)
400  DRAWSTYLE FGCOLOR = 7,BGCOLOR = 4,LINEWIDTH
     = 4, LINESTYLE = 2
410  LINE (10, 400) - (400, 400)
420  '点
430  PSET (10, 420), 6
440  PSET (20, 420), 6
450  PRESET (20, 420),5
460  '上下の文字列
470  DRAWSTYLE FGCOLOR = 7, ORIGINPOS = 0
480  DRAWTEXT (0,0), "DRAWTEXT:(0,0),ORIGINPOS =
     0", 20
490  DRAWSTYLE FGCOLOR = 7, ORIGINPOS = 1
500  DRAWTEXT (0,0), "DRAWTEXT:(0,0),ORIGINPOS =
     1", 20, 32, 4
510  'PNG画像
520  DRAWSTYLE ORIGINPOS = 0
530  DRAWFILE (200,100),"/SAMPLE/LOGO.PNG"
540  '===========================
550  END
```

上記の2つのプログラムの行番号240と行番号250では円の描画を行っている．特に行番号250では90°から360°までの円弧（扇形）の内部を緑（カラーコード4）で塗りつぶしている（TRUE）．行番号300から行番号410では線幅（DRAWSTYLE LINEWIDTH）とともに，実線や点線のラインスタイル（DRAWSTYLE LINESTYLE）を指定して斜線や水平線を描画している．

6.3　画面のハードコピー

グラフィックスとしてプログラムの実行結果を画面表示する場合，そのまま画面をハードコピーすることができれば便利である．6.1節および6.2節で紹介したプログラムの

図 6.4 スクリーンショットにより取り込まれた画面ハードコピー

実行結果を画像データとして記録する，スクリーンショット機能について説明する．

プログラムの実行終了後，PrtSc (Print Screen) キーを押すと，画像データが年月日時分秒を記した拡張子 png (portable network graphics) をもつ次のような画像ファイルとして記録される．

```
Screenshot_from_2015-04-04-13:22:02.png
```

ここで，Ctrl + Alt + → により Linux に移行し，「アプリケーション」→「アクセサリー」→「ファイル」でファイル閲覧のアプリケーションが開く．次に左側の区画にある項目中の「Pictures」を選択すると取りこまれた画像データを確認できる．さらに，このファイルを選択して USB メモリにコピーすればよい．スクリーンショットにより得られた拡張子 png の画像ファイルはフォルダ「PICTURE」に保存される（図 6.4）．

COLUMN_04　i99-BASIC は，電源ぶち切りが可能

　多くの家電製品は使用を止める場合，電源を OFF にする．いっぽう，ほとんどのコンピュータ製品はシャットダウン操作を行ってから電源を OFF にする．これは使用を止めるとき，システムの重要なファイル部分がハードディスク（HDD）などに書き込まれているおそれがあり，シャットダウン操作によりファイル書き込みを止めてから終了するからである．i99-BASIC は通常，システムファイル部分がリードオンリー状態で稼動するようになっており，シャットダウン操作を行わずにいきなり電源を OFF しても i99-BASIC の起動に重要な部分をこわすおそれはない．利用者のデータファイルもリードオンリー状態に任意に切り替えることでファイルの保護が行われている．これにより，i99-BASIC はシャットダウンの操作なしに，電源をぶち切りできるのである．

第 7 章
I/O 計測・制御プログラミング

　i99-BASIC は，ディジタル入出力，アナログ信号電圧を計測する機能を備えている．また，ネットワークインタフェースを備えており，ネットワークを介して遠隔操作も可能である．

　ディジタル信号の入力例として，

　①バンパスイッチやリミットスイッチをロボットの衝突センサとして利用する，

　②複数のスイッチ列の状態により数値（2 進数）を設定する．

　ディジタル信号の出力例として，

　①アラームを知らせる赤色 LED を点灯する，

　②電磁バルブのリレー（電磁石）を働かせ，流れの制御を行う．

　アナログ信号の入力例として，

　①赤外線距離センサから出力されるアナログ電圧信号値から障害物までの距離を計測する，

　②ロボットの関節角に取り付けられた可変抵抗器の電圧値から関節の角度を計測するなど，数多くの応用例がある．

　これら基本となるディジタル信号の入出力，アナログ信号の入力に加えて，

　①アナログ信号を出力して DC モータの速度制御を行いたい，

　②パルス列信号を入力してモータの回転速度計測を行いたい，

　③パルス列信号の周波数や出力パルスを制御してステッピングモータの速度制御，位置決め制御を行いたい，

　④パルス列信号のパルス幅を制御して DC サーボモータの速度制御を行いたい，

　⑤パルス列信号のパルス幅を制御して RC サーボモータの回転角度制御を行いたい，

　⑥コンピュータ間や外部機器とのデータの双方向通信を行いたい

など，身近のメカトロニクス機器やロボティクス機器を制御してみたいという場合には，ソルコンシリーズの IUC-P2934（L6），タフコンシリーズの ITC-N3620（L6）などを利用できる．図 7.1 と図 7.2 にソルコンシリーズとタフコンシリーズの 2 つのコンピュータシステムの概要を示す．

7.1　ディジタル入出力

　ディジタル入出力の端子は上記各機種ともに 1 から 32 までの信号入出力端子から構成

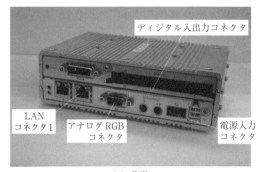
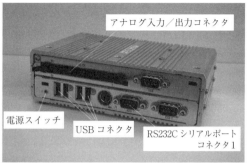

(a) 前面 　　　　　　　　　(b) 背面

図 7.1　ソルコンシリーズ IUC-P2934（L6）

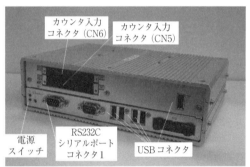

(a) 前面 　　　　　　　　　(b) 背面

図 7.2　タフコンシリーズ ITC-N3620（L6）

され，各ポートはそれぞれ入力，あるいは出力端子として使用できる．ポート番号1から8，9から16，17から24，25から32のバイト（8ビット）単位，ワード（16ビット）単位でまとめて使用できる．

制御を行う場合，まずデバイスをオープンする必要がある．

ディジタル入力デバイスに対しては，

```
DIOPEN
```

ディジタル出力デバイスに対しては，

```
DOOPEN
```

とすればよい．

さらに，ポート番号1からディジタル信号を入力するときには

```
DIPORT(1)
```

とする．

いっぽう，配列変数Aを定義する場合，A(0)から定義されるので，配列を利用して

入出力を行う場合には注意を要する．本書では，8ビット単位で入出力を行う場合には，配列変数として A(1) から A(8) を対応させる．また，2 進数の各ビットについても最下位ビットをビット 1，最上位ビットをビット 8 とする．したがって配列変数は

```
DIM A(8)
```

と定義する．

注）DIM A(8) と定義すると A(0) から A(8) が使用できる．また，2 進数の各桁については 0 ビット目から 7 ビット目で表現する場合があるので注意してほしい．

「マイコンカーラリー」におけるロボットカーに搭載されたコース検出用のセンサは 8 つの赤外線近接センサが一定間隔に配置され（図 7.3），幅が 100 mm あるテープとの傾きとずれを計測し，コースに沿って走行しているかどうかを検出する．すなわち，8 ビットの情報としてセンサデータをコンピュータに取り込み，走行状況を認識し，マイコンカーの操舵を行う．

コンピュータのディジタル入力端子のポート番号 1 からポート番号 8 に 8 個の各センサ出力を接続する．センサの回路図を図 7.4 に紹介する．ディジタル入力の基本形は（1）のようなスイッチ入力であり，この図に掲載している．

それぞれの位置にある赤外線センサは 1 ビットの情報量をもち，8 個センサがあるので，8 ビットの情報量をもつ．1 と 0 の組合せは 256 通りであり，8 ビットで表せる正の整数は 0 から 255 となる．写真に示すようにコースがセンサに近接している場合を 1 とすると，センサの情報は左から 00011100 であり，これらの各ビットの並びからマイコンカーの操舵を行う．

センサ情報「00011100」は 2 進数表示である．「00011100」は文字列による 2 進数表現であり，数値計算を行う場合には各桁に重みを与えて 10 進数の形で用いる．たとえば「00011100」と表記する場合，左側から重みを 2^7（= 128），2^6（= 64），…，2^2（= 4），2^1（= 2），2^0（= 1）と与えるので，10 進数では

図 7.3　ロボットカーに搭載されたコース検出用のセンサ

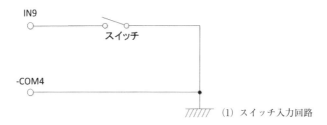
(1) スイッチ入力回路

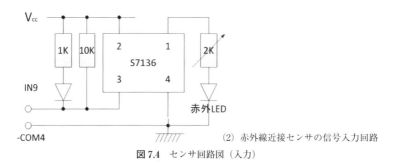
(2) 赤外線近接センサの信号入力回路

図 7.4　センサ回路図（入力）

$$2^7 \times 0 + 2^6 \times 0 + 2^5 \times 0 + 2^4 \times 1 + 2^3 \times 1 + 2^2 \times 1 + 2^1 \times 0 + 2^0 \times 0 = 28$$

となる．

そして，最後にデバイスを使い終わったらデバイスをクローズする．

ディジタル入力デバイスに対しては，

```
DICLOSE
```

ディジタル出力デバイスに対しては，

```
DOCLOSE
```

とする．

◆**7.1.1**◆　ディジタル入力

センサ入力の各ビットの情報は

```
DIPORT(i), あるいはDIPORTS(i)
```

で表される．

上記の例では，DIPORT(8) = 0，DIPORT(7) = 0，DIPORT(6) = 0，DIPORT(5) = 1，DIPORT(4) = 1，DIPORT(3) = 1，DIPORT(2) = 0，DIPORT(1) = 0 が得られる．

ここで DIM A(8) と与え，

```
A([1 TO 8])=DIPORT([1 TO 8])
```

により配列変数 A に代入される．ここで指定する（　）のなかの左側の最初のポート番

号が LSB（最下位ビット：Least Significant Bits）となる．すなわち，

    PRINT DIPORT([1 TO 8])

とすると出力画面には

    [0;0;1;1;1;0;0;0]

と表示される．

いっぽう，

    B=DIPORTS([1 TO 8])

とすると，B = 28 となり，DIPORT に S を加えた DIPORTS() を用いるとき，バイト単位（8 ビット），ワード（16 ビット）単位で数値を得ることができる．

◆7.1.2◆ ディジタル出力

赤外線近接センサからの 8 ビット入力をそのままポート番号 9 からポート番号 16 に出力させる．ポート端子から LED への接続回路図を図 7.5 に示す．外部電源を用い，制限抵抗と LED を直列に接続し，LED を電流駆動して点灯させる．ポート端子の出力を LOW レベルとする負論理回路である．

7.1.1 項で得られた A(1) から A(8) をこれら 8 つのポート番号に出力させる．次の命令で実行される．たとえば，次に示す 2 進数（10 進数で 28）

    00011100

を出力する場合，

    DOPORT([9 TO 16])=A([1 TO 8])
    DOPORT([9 TO 16])=[0;0;1;1;1;0;0;0]

さらに DOPORTS（[9 TO 16]）= 28
となる．

以上をプログラムで表現すると次のようになる．

```
100    DIM A(8)
110    DIOPEN
120    DOOPEN
130    A([1 TO 8])=DIPORT([1 TO 8])
140    DOPORT([9 TO 16])=A([1 TO 8])
150    DICLOSE
160    DOCLOSE
```

```
170    END
```

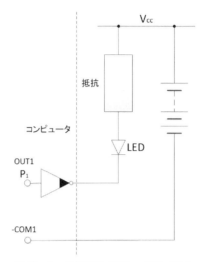

図 7.5　センサ回路図（LED の点灯・消灯）

◆7.1.3◆　ビット単位でのディジタル入出力

赤外線近接センサの情報をディジタル入力する例題において，5 ビット目と 7 ビット目だけを入力したい場合には，

```
C5=DIPORT(5)
C7=DIPORT(7)
```

あるいは

```
DIM C(2)
C([1 TO 2])=DIPORT([5;7])
```

により，変数 C5,C7，あるいは配列変数 C に読み込むことができる．例題では，C5 = 1，C7 = 0，あるいは C(1) = 1，C(2) = 0 となる．

いっぽう，赤色 LED の点灯制御において，00011100 の状態から，あるビットだけを更新することができる．たとえば，8 ビット目を 0 から 1 に変更し，4 ビット目を 1 から 0 に変更する場合，

ポート番号 9 からポート番号 16 にバイトデータとして

```
10010110
```

(10 進数で表現すると 128 + 16 + 4 + 2 = 150) を出力すればよい．したがって，

```
DOPORTS([9 TO 16])=150
```

で与えることができ，DIPORTS() と同様にバイト単位，ワード単位での出力が可能である．

また，8ビット目，4ビット目以外のビットには変更はないので

```
DOPORT(16)=1
DOPORT(12)=0
```

を順番に実行する方法もある．さらに，次のような表記により必要なビットのみの変更も可能である．

```
DOPORTS ([12;16])=[0,1]
```

7.2 AD 変換

ソルコンシリーズの IUC-P2934（L6）では，16 チャンネル，あるいは差動 8 チャンネルの 12 ビットの AD 変換器を備え，電圧信号の入力範囲は $-10V$ から $10V$ である．$-10V$ が 0，$10V$ が 4095 に対応する．AD 変換器の 1 チャネルに電圧信号を入力し，計測するとき，アナログ入力デバイスに対して

```
AIOPEN
```

として，デバイスをオープンにした後に

```
AIPORT(1)
```

とする．なお，未使用のアナログ入力信号端子はノイズの影響を避けるため，グラウンドに短絡しておくとよい．また，複数のチャンネルを使用する場合，マルチプレクサ（切替器）により切り替えて AD 変換を行うので，同時サンプリングはできない．すなわち，各チャンネルから得られるデータは同一時刻のデータではない．

AIPORT では 0 から 4095 の数値データだけでなく，ポート番号の後ろにパラメータを追加して

```
AIPORT(1,-10,10)
```

とすることで物理量そのものである電圧値を得ることもできる．

そしてプログラムの最後に

```
AICLOSE
```

として，アナログ入力デバイスをクローズする．

次のプログラムは $1\,k\Omega$ の可変抵抗器を用いた角度センサの軸の回転角に対する出力電圧を計測するものである．可変抵抗器には $5\,V$ の電圧を加えている．図 7.7 に AD 変

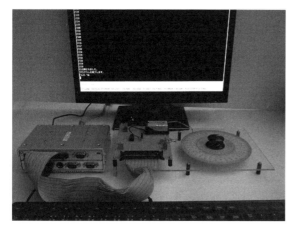

図 7.6　AD 変換器による信号計測システム

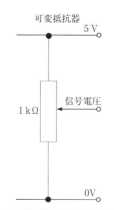

図 7.7　可変抵抗器による回転角度の計測

換器による計測回路とその装置写真を示す．この例では，入力電圧範囲は 0 V から 5 V となる．

このプログラムでは

```
ON KEY GOSUB FUNC1,FUNC2
```

により，FUNC1 と FUNC2 によるキー割り込みを用いている．可変抵抗器の回転軸を回転させ，所定の角度に設定した後，FUNC1 を押すと AD 変換が実行され，電圧に相当するデータが画面表示される．また，FUNC2 を押すとプログラムを終了する．

行番号 230 の

```
PRINT AIPORT(1)
```

により，AD 変換器の 1 チャンネルに電圧信号が入力され，量子化されたデータが画面表示される．

```
100   CLS
110   AIOPEN
120   END_FLAG = FALSE
130   ON KEY GOSUB FUNC1,FUNC2
140   KEY ON
150   MAIN:
160   IF END_FLAG = TRUE THEN
170       AICLOSE
180       END
190   END IF
200   GOTO MAIN
```

```
210  '
220  FUNC1:
230      PRINT AIPORT(1)
240  RETURN
250  FUNC2:
260      PRINT "F2が押されました."
270      PRINT "プログラムを終了します."
280      END_FLAG = TRUE
290  RETURN
```

いっぽう，物理量である電圧値を表示するためには，行番号230をAD変換器の入力範囲である$-10\,\mathrm{V}$と$10\,\mathrm{V}$を用いて

```
PRINT AIPORT(1,-10,10)
```

とすればよい．

複数チャンネルのAD変換を行う場合，ディジタル入出力の場合と同じように，

```
DIM A(2)
A([1 TO 2])=AIPORT([1 TO 2],-10,10)
```

により，AD変換器への1チャンネルと2チャンネルの信号電圧が入力され，配列変数$A(1)$，$A(2)$に電圧値として格納される．

上記プログラムでは，キー割り込みによるタイミングでAD変換を行った．次に高速にAD変換を行うプログラムを紹介する．AD変換を行うチャンネル，および，サンプリング周波数，サンプリングデータ数などをあらかじめ設定して，AISTARTコマンドにより，サンプリングを開始する．図7.8は1チャンネルから入力される100 Hzの正弦波信号を10 kHzでサンプリングした結果をグラフィックス表示したものである．

したがって，

```
AICHCOUNT=1
SMPLFREQ=10000 Hz
```

とするとチャンネル1からの信号をサンプリング周期$100\,\mu\mathrm{s}$でとりこむことになる．

サンプリングデータ数

```
AISPLMNUM=1000
```

としているので，実際の計測時間は$100\,\mu\mathrm{s} \times 1000 = 100\,\mathrm{ms}$となる．

AIDATAコマンドにより，サンプリングしたデータを収集する．また，入力信号の変化の大きさ，入力信号の大きさそのものによりAD変換を開始させることができ，こ

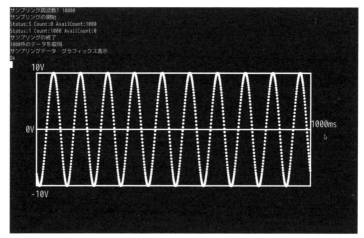

図 7.8　高速 AD 変換によるサンプリング結果

れらはトリガポイントやトリガレベルの設定により行うことができる．これらに関する詳しい内容については，IO コマンドレファレンスを参照してほしい．

```
100    INCLUDE "P0001AI.BAS"
110    STRUCT TAISTATUS STAT
120    DIM SMPLDATA(1000)
130    CLS 3
140    AISMPLNUM = 1000              'サンプリングデータ数の設定
150    INPUT "サンプリング周波数";SMPLFREQ
160    'サンプリング条件の設定とサンプリング開始
170    AIOPEN
180    AICHCOUNT = 1
190    AISTART 1,AISMPLNUM,SMPLFREQ
200    'サンプリングが終了するまで待機　行番号190~行番号270でステ
       ータスをチェック
210    LOOPCOUNT = 0
220    LOOPFLAG = 0
230    WHILE LOOPFLAG = 0
240        LOOPCOUNT = LOOPCOUNT+1
250        STAT = AISTATUS
260        PRINT "Status:";STAT.SAMPLING;
           "AvailCount:"; STAT.COUNT
270        IF STAT.SAMPLING = 0 THEN LOOPFLAG = 1
```

```
280   WEND
290   PRINT "サンプリングの終了"
300   'サンプリングデータの取得
310   PRINT AISMPLNUM; "件のデータを取得"
320   SMPLBUFFERNUM = AISMPLNUM* AICHCOUNT
330   SMPLDATA(0 TO SMPLBUFFERNUM-1) = AIDATA(AISMPLNUM)
340   GETSMPLNUM = SMPLBUFFERNUM
350   'サンプリングデータを表示
360   PRINT "サンプリングデータ グラフィックス表示"
370   DRAWSTYLE ORIGINPOS=1, LINEWIDTH = 5
380   RECTANGLE(100,300)-(1000,400)
390   LINE(100,500)-(1100,500)
400   DRAWTEXT(80,250),"-10V",24,32,7
410   DRAWTEXT(60,480),"0V",24,32,7
420   DRAWTEXT(80,700),"10V",24,32,7
430   DRAWTEXT(1100,500),"1000ms",24,32,7
440   G=2048/200                              '縦軸
      200がAD変換のデータ2048に相当
450   FOR I = 0 TO (GETSMPLNUM-1)
460       CIRCLE(100+I,500+(SMPLDATA(I)-2048)/G),2,3,,,1
470   NEXT I
480   AICLOSE
490   END
```

ここで，信号の入力チャンネルが1チャンネルから3チャンネルと複数チャンネルであるとき，

```
120  DIM SMPLDATA(3000)
180  AICHCOUNT=3
190  AISTART[1;2;3],AISMPLNUM,SMPLFREQ
```

のように書き換える必要がある．

7.3 DA変換器

AD変換器およびDA変換器は音声認識，音声合成，モータの速度制御に欠かせない要素技術であり，実用的にはこれらの目的のために専用の入出力ICとして開発されている．最近，モータの速度制御にもマイコン性能の高性能化，高速化により，ディジタ

ルシグナルプロセッサを用いたディジタル制御が適用されることが多くなり，DA 変換器の出番が少なくなってきた．

ここでは，モータの速度を DA 変換器の出力電圧で制御する場合について取り扱う．IUC-P2934(L6) の 4 チャンネルの 12 ビット DA 変換器の電圧出力範囲は 0 V から 5 V である．ただし，機種により電圧の出力範囲が異なるので注意してほしい．また，セトリングタイムは 10 μs である．

図 7.9 はブラシレス DC モータのドライバに DA 変換器からアナログ電圧信号を出力し，モータ速度の速度制御を行うものである．

端子 1 を，モータを駆動する場合には 1（DOPORT（1）= 1），停止する場合には 0（DOPORT（1）= 0），また，端子 2 は回転方向を制御する端子で，1 あるいは 0 とすることにより，反時計方向まわり，時計方向まわりの回転方向を選択できる．

プログラムではキーボード入力により DA 変換器に出力するデータを 0 から 4095 まで変化させ，出力電圧をディジタルテスタ，および回転速度を周波数カウンタで計測する．第 10 章の 10.1，10.2 節でこの計測データを直線の傾きを求めるために使用する．

DA 変換器からアナログ電圧信号を出力させるためには行番号 120 の

  AOOPEN

によりアナログ出力デバイスをオープンした後，
行番号 180 の

  AOPORT(1)=D

により，DA 変換器の 1 チャンネルからアナログ電信号が出力される．

  AOCLOSE

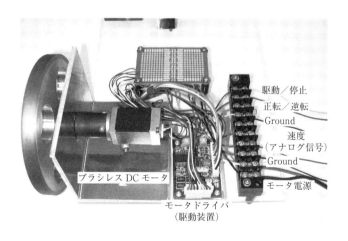

図 7.9　ブラシレス DC モータの制御（DA 変換出力とディジタル出力を用いる）

として，アナログ出力デバイスをクローズする．

```
100    CLS
110    DOOPEN
120    AOOPEN
130    DOPORT(1)=0
140    AOPORT(1)=0
150    INPUT "D=";D
160    INPUT "DR=(CW=1,CCW=0)";DR
170    DOPORT(2)=DR
180    AOPORT(1)=D
190    DOPORT(1)=1
200    END_FLAG=FALSE
210    ON KEY GOSUB FUNC1,FUNC2,FUNC3,FUNC4
220    KEY ON
230    MAIN:
240      IF END_FLAG=TRUE THEN
250        DOPORT(1)=0
260        DOCLOSE
270        AOCLOSE
280        END
290      END IF
300    GOTO MAIN
310    FUNC1:
320      DOPORT(2)=1
330      DOPORT(1)=1
340    RETURN
350    FUNC2:
360      DOPORT(2)=0
370      DOPORT(1)=1
380    RETURN
390    FUNC3:
400      DOPORT(1)=0
410    RETURN
420    FUNC4:
430      END_FLAG=TRUE
440    RETURN
```

複数チャンネル，たとえば，配列変数 A(1)，A(2)，A(3) の格納データを DA 変換器の 1 チャンネルから 3 チャンネルに出力する場合，下記のようなプログラムで実現できる．

```
DIM A(3)
AOPORT([1 TO 3])=A([1 TO 3])
```

また，DA 変換器の出力電圧範囲が 0～5 V である場合，AOPORT（[1 TO 3]，0，5）とすると，配列変数 A に電圧値を与えて各チャンネルから電圧を出力することができる．

```
DIM A(3)
A(1)=1.0
A(2)=1.5
A(3)=2.5
AOPORT([1 TO 3],0,5)=A([1 TO 3])
```

この例では，DA 変換器の 1 チャンネルから 3 チャンネルに，それぞれ 1.0 V，1.5 V，2.5 V が出力される．

たとえば，次のプログラムは 0 V から約 4 V（数値データで 0～4000）まで 100 ms で直線的に増加する鋸（のこぎり）波を生成するプログラムである．具体的には 1 ms ごとに DA 変換器への数値出力を 40 だけ増加させる．

$$100 \times 1\,\text{ms} = 100\,\text{ms}$$

で DA 変換器への数値出力は 4000 となり，その 1 ms 後に数値出力を再び 0 とし，これを繰り返す．100 ms の周期で波形を 1000 回繰り返すプログラムである．したがって

$$1000 \times 100\,\text{ms} = 100\,\text{s}$$

の時間，鋸波を発生する．図 7.10 は DA 変換器から出力される信号波形をオシロスコープで観測したものである．

```
100    'アナログ出力の連続出力を行うサンプルプログラム
110    '画面クリア
120    CLS
130    'アナログデバイスのオープン
140    INCLUDE "PO001AO.BAS"
150    AOOPEN
160    '変数の定義
170    AOCHCOUNT=1                    'チャンネル数
180    AOSMPLNUM=100                  '連続出力件数
190    '連続出力データを作成/設定
```

```
200    BUFFERNUM=AOCHCOUNT* AOSMPLNUM
210    DIM SMPLDATA(BUFFERNUM-1)
220    FOR I=0 TO BUFFERNUM
230       SMPLDATA(I)=40*I              'チャンネル1のデータ
240    NEXT I
250    AODATA(AOSMPLNUM)=SMPLDATA(0 TO BUFFERNUM-1)
260    '連続出力を開始
270    AOSTART1,1,1,1000
280    '連続出力が終了するまで待つ
290    STRUCT TAOSTATUS STAT
300    LOOPCOUNT=0
310    LOOPFLAG=0
320    WHILE LOOPFLAG=0
330       LOOPCOUNT=LOOPCOUNT+1
340       STAT=AOSTATUS
350       IF STAT.SAMPLING=0 THEN LOOPFLAG=1
360    WEND
370    PRINT "連続出力の終了
380    'アナログデバイスのクローズ
390    AOCLOSE
400    END
```

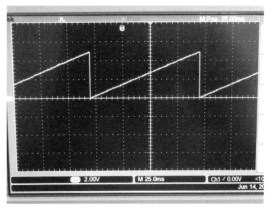

図7.10 DA変換器からの出力例(鋸波)

7.4 パルス列信号出力

制御信号線，あるいは計測信号線，および基準となる接地信号線の1組のケーブルで信号や情報伝達を行うことにより，ケーブルの本数は少なくて済み，コスト低減に有効であるが，この場合信号の大きさの変化と時間軸を利用して情報を表現する必要がある．

パルス列信号において，1と0を規則的に繰り返す場合，周期とパルス幅でその違いを表すことができる．ここで，周波数は周期の逆数である．したがって，パルス列信号の周波数を変える，あるいは周期（周波数）を一定とする場合は，そのパルス幅を変えることにより，各種制御に用いる．図7.11はパルス列信号の制御方法についてまとめたものである．

ステッピングモータは別名パルスモータともよばれ，モータドライバーにパルス列信号を加えて使用し，モータの回転角は入力パルス数に比例する．またモータの速度はパルス周波数に比例する特長をもつ．図7.12はステッピングモータのドライバのCW（時計回り），あるいはCCW（反時計回り）端子にパルス列信号を加えてステッピングモー

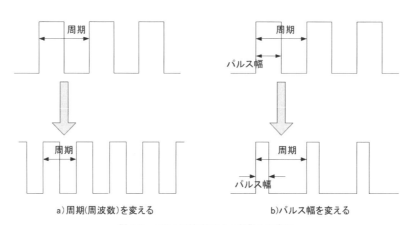

図7.11　パルス列信号による制御の概念図

図7.12　パルス列信号によるステッピングモータの駆動

タの速度制御をしている写真である．いっぽう，小型2足歩行ロボットなどの脚の駆動に多く用いられるRC（Radio Control）サーボモータは，一定周期のパルス列信号により駆動されることが多いが，モータの回転角制御はパルス幅により行われる．現在，直流サーボモータ等の速度制御についても一定周期のパルス信号を用い，そのパルス幅を変えることにより行われる場合が多い．パルス幅の信号周期に対する比をデューティ比という．

タフコンシリーズのITC-N3620（L6）には2つのポートをもつパルスジェネレータデバイスが1つ搭載されており，これを利用して周波数の異なるパルス列信号を発生させるプログラム，さらに周期を一定とし，パルス幅を変えたパルス列信号（PWM：Pulse Width Modulation）を発生させるプログラムについて説明する．

◆7.4.1◆ パルスジェネレータ

ステッピングモータはパルス列信号のパルス周波数により，その速度を制御することができる．一般に周波数を大きくすると速度は大きくなる．

周波数はパルス（1の状態）が1s間のなかで［1,0］，あるいは［ON,OFF］が何回繰り返されるかを示し，その繰り返し時間を周期という．すなわち，周期と周波数は逆数の関係にある．

i99-BASICでは，次のようなパルス列信号を出力するコマンドをもつ．

UCNTOPEN デバイス番号,ポート番号,動作指定

デバイス番号はコンピュータに接続されているパルスジェネレータデバイスのうち，どのパルスジェネレータからパルス列信号を出力するかを指定するパラメータであり，パルスジェネレータデバイスが1つしかない場合は省略することができる．

ポート番号は，1つのパルスジェネレータデバイスが複数の出力ポートをもつ場合，いずれのポートからパルス列信号を出力するかを指定するためのものである．デバイス番号と異なり，ポート番号は省略することはできない．

動作指定はデバイス番号およびポート番号からどのようなパルス列信号を出力させるかを指定するためのものであり，動作指定もポート番号と同様に省略することはできない．

今回使用するハードウェアITC-N3620（L6）には，2つのポートをもつパルスジェネレータデバイスが1つ搭載されている．したがって，デバイス番号は1，ポート番号は1または2をパルス列信号を出力させるポートとして指定する．

次に，どのようなパルス列信号出力をさせるかを動作指定する．パルス列信号を生成するためには基準となるクロック周期，パルス列信号の周期，パルス幅，パルス信号極性の4つを指定する必要がある．たとえば，ITC-N3620（L6）に搭載されているパルスジェネレータの基準クロックの最小単位は100 nsであり，ユーザは制御に必要な時間にあわせて，基準クロックの長さをその整数倍の値を与えて決めることができる．ただし，機種により，クロックの最小単位の値が異なるので，i99-BASICでは基準クロックの長

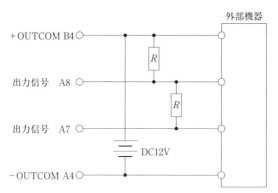

図7.13 ITC-N3620（L6）を用いたパルス列信号の出力回路図

さをnsの単位で与える．

パルス列信号の周期とパルス幅はこの基準クロックを基本単位として整数値を与えて設定する．パルス列信号の出力端子は，図7.13に示すようにOUTA出力とOUTB出力をもち，OUTB端子からはOUTA端子の出力を反転させた信号が出力される．

これらの設定方法について次の例でみてみよう．たとえば，

```
UCNTOPEN 1,1,"MODE=PGEN,CLOCK=1000,WIDTH=1000,HWID
TH=500"
```

とすると，基準クロックは，"CLOCK = 1000"によって決定され，

1000 ns = 1 μs

となる．ここで周期1 msのパルス列信号を出力したい場合は，

1 ms/1 μs = 1000

となるため，"WIDTH = 1000"を与えればよい．

パルス幅は信号周期の設定に選んだ数値より小さな値でなければならない．いま，デューティ比が0.50のパルス幅とする場合，

1000 × 0.5 ［デューティ比］ = 500

となるため，"HWIDTH = 500"を指定すればよい．

次のプログラムは，INPUT文で周波数（Hz）を与え，デューティ比が0.5のパルス列信号を生成するものである．$\boxed{\text{Space}}$キーを押すことにより，プログラムを終了することができる．

```
100   INPUT "FREQUENCY(Hz)=";FREQ
110   FL=INT(1E6/FREQ)
120   DL=INT(FL*0.50)
130   PRINT FL, DL
140   CFG$="MODE=PGEN"                'パルスジェネレータモ
      ード
```

```
150   CFG$=CFG$+",CLOCK=1000"        '基準クロック 1μs
160   CFG$=CFG$+",WIDTH="+STR$(FL)   'パルス幅
170   CFG$=CFG$+",HWIDTH="+STR$(DL)  'High側パルス幅
180   UCNTOPEN 1,1,CFG$
190   UCNTSTART 1,1,0
200   DO
210     A$=INKEY$
220     IF A$=""THEN
230       EXIT DO
240     END IF
250   LOOP
260   UCNTSTOP 1,1
270   UCNTCLOSE 1,1
280   END
```

◆7.4.2◆ PWM 信号

ディジタル制御の進歩につれて，直流サーボモータの速度制御も電機子電圧制御から PWM 制御が主流となっている．パルス列信号の周期を T，パルス幅を T_0 とするとき，デューティ比 D は

$$D = T_0/T$$

で与えられる．直流モータの速度制御では数 kHz から 10 kHz の周波数が用いられる．

最近，注目されている小型 2 足歩行ロボットの関節駆動に用いられる RC サーボモータでは，関節角が図 7.14 に示すような PWM 信号により制御される．サーボモータの出力軸に小型の可変抵抗器が取り付けられ，回転角度センサを用いたフィードバック制御により与えられた回転角を実現している．多くのサーボモータは 180°の回転角度範囲をもち，与える制御パルス信号の周期は 20 ms のものが多い．たとえば，0°のときのパルス幅が 0.6 ms（デューティ比 0.03），180°のときのパルス幅が 2.4 ms（デューティ比 0.12）の RC サーボを用いる場合，回転角度を θ°とするとデューティ比 D は次式で表される．

$$D = (\theta + 60)/2000$$

なお，RC サーボモータの回転角度を一定角度に保っておくためには，このデューティ比のパルス列信号を出し続ける必要があること，さらに出力パルス幅が不安定な場合，振動的になることに注意する．出力端子は OUTA，あるいは OUTB である．

周期を 20 ms，デューティ比 0.10 のパルス列信号を出力してみよう．基本クロックを 10 μs とするとき，

$$10 \ \mu s = 10000 \ ns$$

となる．したがって 20 ms の周期は

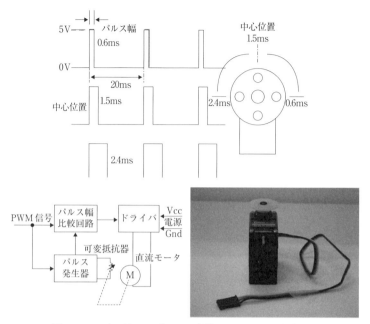

図 7.14 RC サーボモータと PWM 信号によるモータの駆動原理

$20 \text{ ms}/10 \text{ μs} = 2000$

パルス幅は周期にデューティ比を掛けた値であり，

$2000 \times 0.10 \text{［デューティ比］} = 200$

となる．

以上まとめると"CLOCK=10000"，"WIDTH=2000"，"HWIDTH=200"となる．RCサーボモータの回転角を指定し，PWM信号を生成するプログラムを以下に示す．プログラムによる出力波形を図 7.15 に示す．

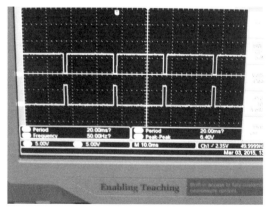

図 7.15 PWM 信号（上段：OTUB，下段：OUTA）

```
100    INPUT "ANGLE=";AGL
110    D=INT((AGL+60)/2000)
120    MS=2000*D
130    PRINT MS
140    CFG$="MODE=PGEN"
150    CFG$=CFG$+",CLOCK=10000"     '基本クロック 10μs
160    CFG$=CFG$+",WIDTH=2000"      'パルス幅 20ms
170    CFG$=CFG$+",HWIDTH=200"      'デューティ比 0.10
180    UCNTOPEN 1,1,CFG$
190    UCNTSTART 1,1,0
200    DO
210      A$=INKEY$
220      IF A$=""THEN
230        EXIT DO
240      END IF
250    LOOP
260    UCNTSTOP 1,1
270    UCNTCLOSE 1,1
280    END
```

7.5 パルス列信号入力

モータの回転速度は軸に取り付けられた光学式エンコーダや磁気エンコーダから出力されるパルス列信号を計数して行うことが多い．たとえば，ロボットの関節軸は，1方向ではなく，正転，逆転，すなわち時計回り，反時計回りに回転し，正転と逆転の検出を必要とする．

エンコーダからは図 7.16 に示すような位相が 90° 異なる A 相，B 相の 2 つのパルス列信号が出力されており，回転方向により異なる位相の進み・遅れ（位相差）を利用してパルスの計数（アップダウンカウント）を行う必要がある．たとえば，カウンタの内容を正転の場合には + 方向にカウントアップし，逆転の場合には − 方向にカウントダウンして角度計測する．

ここで使用するハードウェア ITC-N3620（L6）には 2 つのポートをもつパルスカウンタデバイスが 1 つ搭載されており，これを用いてパルス信号列の計数を行うことができる．

パルスの計数を行うためには

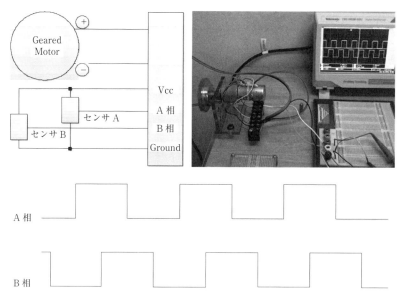

図7.16 2相エンコーダを用いた回転速度の計測

UCNTOPEN デバイス番号,ポート番号,動作指定

を実行する必要がある．

たとえば，単相のパルスカウントを行う場合，動作指定は，

"MODE=PULS,COUNT=DIRX1"

とする．

上述のような位相差を利用してパルスを計数する場合には，

"MODE=PULS,COUNT=PHASEX1"

とする．

次のプログラムでは，A相，B相の2相信号のアップダウンカウントを行うための設定を行い，回転速度を計測するために，タイマー割り込みを利用して1秒ごとにサブルーチンSUBREADのプログラムを実行する．このプログラムでカウンタの内容を読み込み，1秒前のカウンタの内容と比較してカウント数を表示する．なお，このプログラムでは次のコマンドでカウンタの内容を最初0としている．

UCNTCLEAR 1,1

```
100    'パルスカウンタモードを設定
110    CFG$="MODE=PULS"              'パルスカウントモード
120    CFG$=CFG$+",COUNT=PHASEX1"    '位相差パルス入力
```

```
130    UCNTOPEN 1,1,CFG$
140    'カウンタを0クリア
150    UCNTCLEAR 1,1
160    '初期値を設定
170    FLAG = FALSE
180    I=0
190    CNT0=0
200    '定時になったときの分岐先を定義
210    ON TIMER=1000 GOSUB SUBREAD
220    '割り込みの設定を許可
230    TIMER ON
240    '定時刻になるまで時刻を表示
250    DO
260      IF FLAG=TRUE THEN
270         EXIT DO
280      END IF
290    LOOP
300    '終了
310    UCNTCLOSE1,1
320    END
330    '定時刻になったときの処理
340    SUBREAD:
350      I=I+1
360      CNTDATA=UCNTPORT(1,1)
370      PRINT I;":";CNTDATA;"(";CNTDATA-CNT0;")"
380      CNT0=CNTDATA
390      IF I=10 THEN
400         FLAG=TRUE
410         TIMER OFF
420         PRINT "10s 経過しました."
430      END IF
440    RETURN
```

7.6　RS-232C 通信

2台のコンピュータ間，1台のコンピュータと外部機器との間でデータのやり取りを行

う場合を考えてみよう．8本の線を用いれば一度に1バイト（8ビット）のデータを送ることができる．いっぽう，1本の線でデータを送るためには，8ビットのデータの下位のビットから順番に送る必要があり，1あるいは0をパルス幅（パルスが1の状態の時間とパルスが0の状態の時間）で表すことになる．したがってRS-232C通信もパルス列信号による入出力計測・制御とみなすことができる．

ただし，どのビットが最下位ビットなのか，データの開始（スタートビット）と終了（ストップビット）が相手側に確実にわかるような方式とする必要がある．通信速度を大きくすると1，0を表すパルス幅は短くなる．通信速度の大きさだけでなく，データがどのようなフォーマットで送られているか受け取り側でもはっきりわかっていることが重要である．i99-BASICでは，「通信速度は9600bps，8ビット，ノンパリティ，ストップビット1」がデフォルトである．フォーマットの変更は次のコマンドで行える．

```
COMOPEN 1,1,"BAUDRATE=9600,PARITY=NONE,DATA=8,STOP
=1,FLOW=NONE,DUPLEX=FULL,TIMEOUT=100"
```

2台のコンピュータ間でのデータの送受信を行うためには基準となる信号（GND）を含め，送信，受信の3本の線が必要となる．RS-232C回線を無線化することにより，ケーブルが不要となる．

RS-232C端子は9ピンで構成され，コンピュータ同士はクロスタイプの通信ケーブルにより接続する．通信データのフォーマットを図7.17に示す．また，データの送受を確実に行うために制御線どうしを接続して高速化し，信頼性を上げることができる．

ソルコンシリーズのIUC-P2934（L6），タフコンシリーズのITC-N3620（L6）ともに複数のRS-232C回線をもち，いろいろなデータの送受信を行うことができる．

以下，BASICでのプログラミングについて説明する．

ファイルの入出力のときと同様に通信ポート（COM）をオープンしなければならない．ただし，ファイルのOPEN，CLOSEと区別してCOMOPEN，COMCLOSEとする必要がある．

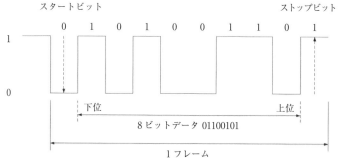

図7.17 RS-232C回線の通信データのフォーマット

COMOPEN ボード番号,ポート番号,フォーマット指定

通信を終了するときは,

COMCLOSE 1,1

とする.

データを受信するときは,

COMRECV$ ボード番号,ポート番号,受信サイズ

データを送信する場合は,

COMSEND ボード番号,ポート番号,送信バッファ,送信サイズ

たとえば,BUF$ = "Interface,i99-BASIC" として,この 19 文字の文字列を送信するとき,

COMSEND 1,1,BUF$,19
COMSEND 1,1,BUF$,LENB(BUF$)

とすればよい. 直接

COMSEND 1,1,"Interface,i99-BASIC",19

としてもよい.

◆7.6.1◆ 送信

RS-232C の端子をもち,通信ソフトウェアが附属している PC に接続して次のプログラムで "Interface, i99-BASIC" の 19 文字を送ってみよう.「通信速度は 9600 bps,8 ビット,ノンパリティ,ストップビット 1,データ制御なし」に設定し,データの待ち受け状態にしておく.

次のプログラムで通信相手に "Interface,i99-BASIC" という文字列を 10 回繰り返して送る. 通信ソフトで受信するとき,これらの文字列,次に送られる文字列の表示をわかりやすくするために,このプログラムでは,19 文字のデータに加えて,制御文字 13 (16 進数では &H0D,改行),制御文字 10 (16 進数では &H0A,行の先頭に移動) の 2 文字を送り,計 21 文字を送っている.

通信ターミナル,通信ソフトで計測データや通信データを確認する場合に受け取り側が見づらい表示となることはできるだけ避けたい. 行番号 250 において

CHR$(13)+CHR$(10)

文字列データのあとに 2 つの制御コードを付加することにより,1 行ごとに時系列データを確認することができる. なお,CHR$(13) のみの制御コードでは同一行に新しいデータが表示される. 図 7.18 に示すように,CHR$(10) のみを付け加えると,改行は

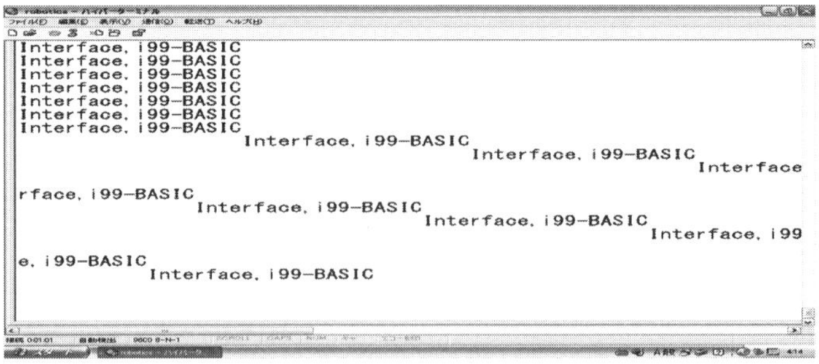

図 7.18 通信ソフトウェア「ハイパーターミナル」での受信画面

行われるが新データの頭の位置がずれていき，見づらい表示となる．

```
100     'シリアル通信の送信を行うサンプルプログラム
110     CLS
120     CFG$="BAUDRATE=9600"            '伝送速度 9600bps
130     CFG$=CFG$+",PARITY=NONE"        'ノンパリティ
140     CFG$=CFG$+",DATA=8"             'データビット長 8bit
150     CFG$=CFG$+",STOP=1"             'ストップビット長 1bit
160     CFG$=CFG$+",FLOW=NONE"          'フロー制御なし
170     CFG$=CFG$+",DUPLEX=FULL"        '全二重通信
180     CFG$=CFG$+",TIMEOUT=0"                  'タイムアウトな
        し(即時リターン)
190     COMOPEN 1,1,CFG$
200     'データの送信
210     FOR I=TO TO 10
220       PRINT "SEND",
230       BUF$="Interface,i99-BASIC"
240       PRINT BUF$;"(";LENB(BUF$);"Bytes)"
250       COMSEND 1,1,BUF$+CHR$(13)+CHR$(10),LENB(BUF$)+2
260     NEXT I
270     'COMポート1 のクローズ
280     COMCLOSE 1,1
290     '終了
300     END
```

◆7.6.2◆ 受信

COM ポート 1 チャンネルから計測データ（インデックス，X 方向の加速度，Z 方向の加速度）を 250 個受信し，画面表示する．通信プロトコルは，通信速度は 9600 bps，ノンパリティ，ストップビット 1 である．図 7.19 に示す小型移動ロボット上に搭載された加速度センサからのデータを i99-BASIC で取りこむためのプログラムである．

データの並びは，3 桁のインデックス（0 ～ 249），4 桁の加速度データ（0 ～ 1023），4 桁の加速度データ（0 ～ 1023），各データはそれぞれ 1 桁のスペースで区切り，改行，16 桁の長さのデータを取り込み，データを画面表示するとともに USB メモリに "AXZ.TXT" というファイル名で保存する．

4桁+1桁(SP)+4桁+1桁(SP)+4桁+&H0D+&H0A

250 個目のデータを取り込み，ファイルとポートをクローズする．図 7.20 が H8 マイコンから送信されるデータを通信ソフトで受信した内容の表示結果である．また，画面表示の内容はラベル RED の USB メモリにテキストファイルとして保存される．

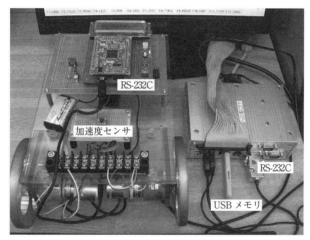

図 7.19 H8 マイコンから送信されるセンサデータを RS232C 通信で受信

図 7.20 計測データの表示結果

```
100    'シリアル通信の受信を行うサンプルプログラム
110    '画面クリア
120    CLS
130    'データ保存ファイルを開く
140    OPEN "mnt/RED/AXZ.TXT" FOR OUTPUT AS #1
150    'COM ポート1 のオープン
160    CFG$="BAUDRATE=9600"              '伝送速度 9600bps
170    CFG$=CFG$+",PARITY=NONE"          'ノンパリティ
180    CFG$=CFG$+",DATA=8"               'データ 8bit
190    CFG$=CFG$+",STOP=1"               'ストップビット 1bit
200    CFG$=CFG$+",FLOW=NONE"            'フロー制御なし
210    CFG$=CFG$+",DUPLEX=FULL"          '全二重
220    CFG$=CFG$+",TIMEOUT=0"            'タイムアウトなし
       (即時リターン)
230    COMOPEN 1,1,CFG$
240    'データの受信
250    DO
260      IF COMRECVSIZE(1,1)<=15 THEN GOTO 260
270      BUF$=COMRECV$(1,1,16)
280      I=VAL(LEFT$(BUF$,4))
290      AX=VAL(MID$(BUF$,6,4))
300      AZ=VAL(MID$(BUF$,11,4))
310      PRINT "I=";I,"AX=";AX,"AZ=";AZ,"L=";LENB(BUF$)
320      PRINT #1,I,AX,AZ
330      IF LEFT$(BUF$,4)="0249" THEN
340        EXIT DO
350      END IF
360    LOOP
370    PRINT "END"
380    'COM ポート1 のクローズ
390    COMCLOSE 1,1
400    'データ保存ファイルのクローズ
410    CLOSE #1
420    '終了
430    END
```

7.7　パワーオン

プログラムが完成し，システムに組み込み，プログラムを自動起動したい場合，POWER ON コマンドで自動起動したいプログラムを指定し，電源を ON にすると i99-BASIC が起動したのち，指定したプログラムが自動的に実行（RUN）される．

キーボード等が接続されていれば，Ctrl + C でプログラムの実行を停止することができる．また，接続していない場合には電源スイッチを切ることにより，プログラムの実行を停止することができる．

たとえば，AUTORUN.BAS を自動的に起動する場合，

    POWER ON "AUTORUN.BAS"

とし，自動的に起動させないようにするためには

    POWER ON ""

とすればよい．

COLUMN_05　i99-BASIC でロボットを動かす■

2015（平成27）年3月27日，広島工業大学の来年度入試用のコマーシャル「徹夜編」の撮影が行われた．5名のタレントの方，監督，ディレクタなど十数名のおおがかりな撮影で，ゼミの双腕ロボットを使っての撮影ということもあり，3日間立ち会った．事前打ち合わせで双腕ロボットが「腕をふりあげて，ふり下ろす，その動きを繰り返して行えたら」ということで，ワンタッチでロボットが動き出すようにプログラムした．本書でとりあげたタフコンの6チャンネルのDA変換器を用いて，i99-BASIC で2つの腕の6つの関節を勢いよく動かせるように準備した．ロボットの動きも含め，いろいろな場面が撮影されたが，何しろ15秒，残念ながら放映された動画にはロボットが動いている場面はなかった．

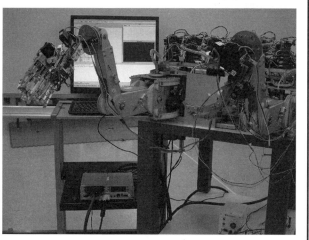

図　DA 変換器で双腕ロボットを動かす

第8章

ネットワークの利用

　インタフェースのコンピュータには，1つあるいは複数のネットワークインタフェース（イーサネットポートまたは LAN ポート）を備えている．このネットワーク機能を利用することで，図8.1 に示すようにコンピュータは別のコンピュータと通信して，データの送受信や情報の共有などを行うことができる．

　i99-BASIC には，このネットワークを利用するコマンドおよび機能に関して BASIC 専用コマンドとソケット互換コマンドの2つのコマンド群が用意されている．

　BASIC 専用コマンドの特徴は以下のとおりである．

　①ネットワークインタフェースに固有の MAC アドレスと呼ばれる一意の ID を用いて相手先と通信を行う．

　②相手先の特定は MAC アドレスで行い，IP アドレス特有のスコープの概念がないので，特定の相手との通信が簡単である．

　③通信プロトコルが独自形式のため，ルータを介した外部との通信はできない．

　ソケット互換コマンドの特徴は以下のとおりである．

　①一般的に TCP/IP，もしくはソケット通信と呼ばれる通信プロトコルを用い，論理的に割りふられた IP アドレスを用いて相手先と通信を行う．

　②通信プロトコルはデファクトスタンダードの TCP/IP であり，ルータ等を介してインターネットを使った外部との接続性が高い．

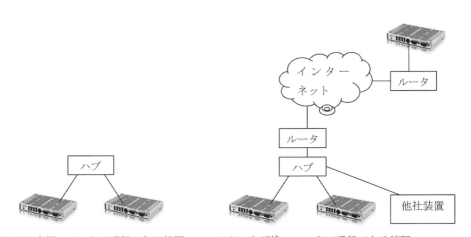

図 8.1　コンピュータ同士のデータの送受信や情報の共有

8.1 BASIC 専用コマンドによるネットワーク通信

◆8.1.1◆ 基本的な送受信（NWOPEN, NWRECV$, NWSEND, NWCLOSE）

BASIC 専用コマンドでは，通信相手先の指定にホスト名か MAC アドレスを用いる．これらを省略するとブロードキャスト（一斉）通信ができ，1 対多などの通信には非常に簡便なコマンドである．

それでは 2 台のコンピュータを用意し，スイッチングハブを介して LAN ケーブルで接続してみよう．次の例題では，片方のコンピュータから文字列を送信し，もう一方のコンピュータでこの文字列を受信するプログラムを作成する．

送信プログラムの例を示す．

```
100   CLS
110   'ネットワークインタフェースオープン
120   NWOPEN "LAN1" AS #1
130   PRINT "ネットワークインタフェースオープン"
140   'ブロードキャスト送信
150   NWSEND #1, "こんにちは,i99-BASIC"
160   PRINT "送信しました"
170   'ネットワークインタフェースクローズ
180   NWCLOSE #1
190   PRINT "ネットワークインタフェースクローズ"
200   END
```

次に，受信プログラムの例を示す．

```
100   CLS
110   'ネットワークインタフェースオープン
120   NWOPEN "LAN1" AS #1
130   PRINT "ネットワークインタフェースオープン"
140   '送信元を指定せずに永遠に受信待ち
150   A$=NWRECV$(1)
160   PRINT "受信しました:"; A$
170   'ネットワークインタフェースクローズ
180   NWCLOSE #1
190   PRINT "ネットワークインタフェースクローズ"
200   END
```

ネットワークインタフェースをサポートしている BASIC は少ないと考えられるので，プログラムの実行状況とプログラムの動きについて，キーとなる重要なコマンドの説明

```
Ok
LIST
100 'CLS
110 'ネットワークインタフェースオープン
120 NWOPEN "LAN1" AS #1
130 PRINT "ネットワークインタフェースオープン"
140 '送信元を指定せずにいつまでも受信待ち
150 A$=NWRECV$(1)
160 PRINT "受信しました："; A$
170 'ネットワークインタフェースクローズ
180 NWCLOSE #1
190 PRINT "ネットワークインタフェースクローズ"
200 END
Ok

RUN
ネットワークインタフェースオープン
受信しました：こんにちわ、i99-BASIC
ネットワークインタフェースクローズ
Ok
```

図 8.2　BASIC 専用コマンドによるネットワーク通信の受信画面

をまじえて少し詳しく説明していこう．

それでは 2 つのプログラムを実行し，画面表示を時間で追いかけてみよう．

①受信プログラム側を実行するとコンソール画面に「ネットワークインタフェースオープン」と表示され，表示が止まる．

②次に，送信プログラム側を実行すると「ネットワークインタフェースオープン」の後，「送信しました」，「ネットワークインタフェースクローズ」と表示して終了する．

③送信側のコンソール画面に「送信しました」と表示されると，受信プログラム側で「受信しました：こんにちは，i99-BASIC」と表示され，続いて「ネットワークインタフェースクローズ」と表示して終了する．

図 8.2 に受信画面の表示内容を示す．

次にプログラムの動きを解説しよう．

①行番号 120 の NWOPEN コマンドで，送信側，受信側でネットワークインタフェースの使用を開始する宣言を行う．

```
120 NWOPEN "LAN1" AS #1
```

NWOPEN コマンドの書式は，

```
NWOPEN "LAN<ポート番号>" AS #<ファイル番号>
```

である．

ポート番号は使用する LAN ポートの番号を割り当てる．たとえば，LAN ポートが 2 つあれば使用できるポート番号は 1 と 2 である．

ファイル番号は，プログラム内でオープンするネットワークインタフェースと関連づけるための論理的な番号であり，1 から 15 までの指定が可能である．NWOPEN コマン

ドで開くときに指定したファイル番号を用いてデータの送受信を行い，閉じる．

②受信プログラムの 150 行の NWRECV$ 関数で受信待機待ちとなる．

```
150 A$=NWRECV$(1)
```

NWRECV$ 関数の書式は次のように表される．

<受信データ> = NWRECV$(<ファイル番号> [,<送信元ホスト名/MAC アドレス>])

ネットワークインタフェースから送信されたデータを受け取り，受信データとして返す．ファイル番号は NWOPEN コマンドで指定したものを割り当てる．

送信元ホスト名/MAC アドレスは送信相手先を通常指定するが，省略することもでき，この場合は送信相手先を特定せず，データを受信すれば，受信したデータを返す．このプログラムでは，NWRECV$ はデータを受信するまでいつまでも待機する．NWRECVTIME コマンドによりタイムアウト時間を別途設定することができる．

③次に，送信プログラムの行番号 150 の NWSEND コマンドで，"こんにちは，i99-BASIC" という文字列を送信する．

```
150 NWSEND #1, "こんにちは,i99-BASIC"
```

NWSEND コマンドの書式は，

NWSEND #<ファイル番号>,<送信データ> [,<送信先ホスト名/MACアドレス>]

である．ネットワークインタフェースを介してデータを送信する．ファイル番号には，NWOPEN コマンドで指定したものを割り当てる．

送信先ホスト名/MAC アドレスは，通常，送信相手先を指定するが，省略することもでき，この場合は送信相手先を特定せず，不特定多数に対してデータを送信（ブロードキャストという）する．このプログラムでは，NWSEND コマンドにより不特定多数に対して，"こんにちは，i99-BASIC" という文字列をデータ送信している．

④送信プログラムの NWSEND コマンドで "こんにちは，i99-BASIC" が送信されると，受信プログラム側で NWRECV$ 関数がデータを受け取り，データが戻り値として得られる．受信プログラムは受け取ったデータを A$ 変数に格納し，行番号 160 の PRINT コマンドで表示する．

```
160  PRINT "受信しました:"; A$
```

⑤行番号 180 の NWCLOSE コマンドで，送信および受信プログラムは，使用していたネットワークインタフェースを閉じる．

```
180 NWCLOSE #1
```

NWCLOSEコマンドの書式は，

```
NWCLOSE  #<ファイル番号>
```

であり，ファイル番号にはNWOPENコマンドで指定したものを割り当てる．

⑥双方のプログラムはともにENDコマンドに到達して，送信および受信プログラムの実行は終了する．

◆8.1.2◆ 受信待機時間の設定（NWRECVTIME）

上記の受信プログラムでは，データ受信関数NWRECV\$関数はデータを受信するまでいつまでも待機し続けていた．この場合，受信データがないとき，何も対処することができない．そこで，受信待機時間を設定できるように受信プログラムの一部のプログラムコードを修正してみよう．

```
131    '受信待機時間を1秒に設定
132    NWRECVTIME #1, 1000
133    PRINT "受信待機時間1秒(1000ms)"
135    DO
136    PRINT "受信待ち..."
140    '送信元を指定せずに永遠に受信待ち
150    A$=NWRECV$(1)
155    LOOP WHILE A$=""
160    PRINT "受信しました:"; A$
```

このプログラムでの大きな修正個所は，行番号132のNWRECVTIMEコマンドの追加である．

```
132    NWRECVTIME #1, 1000
```

このコマンドにより受信待機時間をms単位で設定でき，待機時間を経過するとNWRECV\$の戻り値は空となる．

NWRECVTIMEコマンドの書式は，

```
NWRECVTIME  #<ファイル番号>  [,<タイムアウト時間>]
```

と表され，タイムアウト時間（受信待機時間）をms単位で設定できる．省略するか0を指定すると受信データがない場合，いつまでも待ち続ける．

次に，行番号135のDOコマンドと行番号155のLOOP WHILEコマンドは制御構文であり，LOOP WHILEコマンドの条件式を満たしているとき繰り返してこのループを実行する．このループ内にある行番号150のNWRECV\$関数の戻り値が空の間ループ

図 8.3 待機時間を設定した場合の受信画面

を繰り返す．

図 8.3 に受信画面の表示内容を示す．

◆8.1.3◆ 受信イベントによる割り込み処理（ON NW GOSUB）

データの受信については，NWRECV$ コマンドにより受信側から能動的に取りに行く必要があった．

何らかの計算処理を行っているときに，外部からのデータを受信した際に受信処理を行いたい場合，NWRECVTIME コマンドにより受信待機時間を設定し，その都度，データの受信の有無を確認することはできるが，効率的でない．

受信処理をサブルーチンに登録しておき，データ受信があれば実行中の処理に割り込んで受信処理を行うことが i99-BASIC では可能である．以下に受信プログラム例を示す．

```
100   CLS
110   'ネットワークインタフェースオープン
120   NWOPEN "LAN1" AS #1
130   PRINT "ネットワークインタフェースオープン"
140   '受信割り込みイベントを登録する
150   ON NW(1) GOSUB RECV_SUB
160   PRINT "受信割り込みイベントのサブルーチンを登録"
170   IS_LOOP = TRUE    'ループフラグ
180   '受信割り込みイベントを有効にする
190   NW ON
200   PRINT "受信割り込みイベントを有効"
210   '受信待ち処理(受信割り込みイベントルーチンで,IS_LOOPを
```

```
            FALSEにするまでループし続ける)
   220  WHILE IS_LOOP = TRUE
   230     PRINT "受信待ち..."
   240     SLEEP 1
   250  WEND
   260  'ネットワークインタフェースクローズ
   270  NWCLOSE #1
   280  PRINT "ネットワークインタフェースクローズ"
   290  END
   300  '
   310  '受信割り込みイベントルーチン
   320  RECV_SUB:
   330  A$ = NWRECV$(1)
   340  PRINT "受信しました:"; A$
   350  IS_LOOP = FALSE    '受信待ち処理のループを終わらせるため
                            の設定
   360  RETURN
```

①受信プログラムを実行すると行番号120のNWOPENコマンドでネットワークインタフェースをオープンする．

②行番号150のON NW GOSUBコマンドで，受信時に割り込みサブルーチンにジャンプするように設定する．このプログラムではRECV_SUBというラベル名のついたサブルーチンにジャンプする．

③行番号190のNW ONコマンドで，行番号150で設定した受信割り込み機能を有効にする．

④送信プログラムからデータを送信するまでは「受信待ち…」というメッセージが1秒間隔で表示され続ける．すなわち，行番号220から250までのWHILE〜WENDコマンドによるループ処理と行番号230のPRINTコマンドによる「受信待ち…」という表示処理が続く．

⑤送信プログラムから送信データを受信すると受信イベントにより割り込み処理ルーチンである行番号320のRECV_SUBサブルーチンにジャンプする．

⑥行番号330のNWRECV$関数でデータを受信し，行番号340のPRINTコマンドで「受信しました」というメッセージを表示する．

⑦行番号350のIS_LOOP変数にFALSEを代入した後，行番号360のRETURNコマンドで割り込み処理サブルーチンからもとのメインルーチンに戻る．

⑧行番号220から250のWHILE〜WENDコマンドによるループ処理はIS_LOOP変数がTRUEの間行われるので，受信イベントの割り込みサブルーチン処理でFALSEに

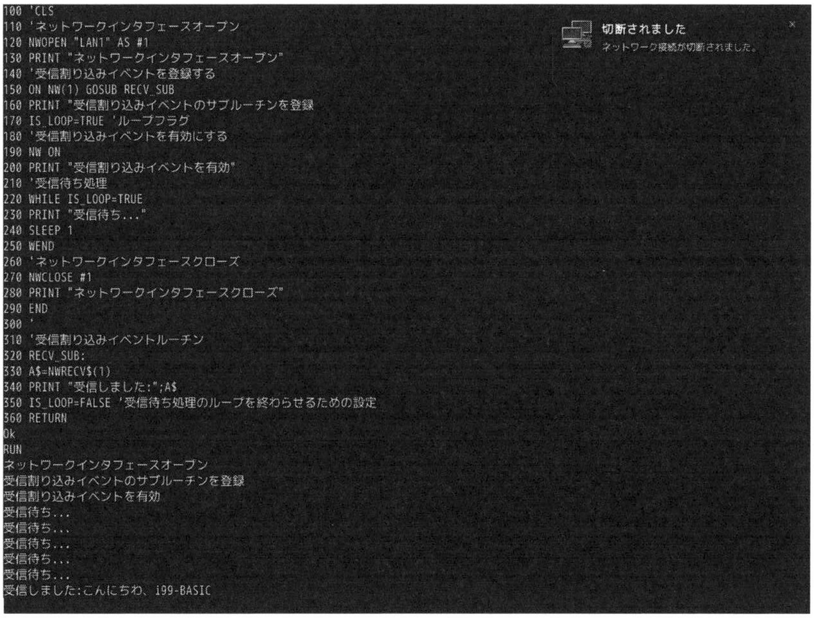

図 8.4 サブルーチンによる割り込み処理のある受信画面

設定することにより，ループ処理から抜ける．

⑨ループ処理から抜け，行番号 270 の NWCLOSE コマンドにより，ネットワークインタフェースを閉じた後，行番号 290 の END コマンドでプログラムの実行が終了する．

大きな修正個所は，行番号 150 の ON NW GOSUB コマンドである．ネットワークインタフェースからデータを受信すると割り込みにより，サブルーチン RECV_SUB を呼び出せるように登録している．

```
150 ON NW(1) GOSUB RECV_SUB
```

ON NW GOSUB コマンドの書式は次のとおりである．

```
ON NW(<ファイル番号>) GOSUB <ラベル名/行番号>
```

データ受信時に呼びだすサブルーチンを「ラベル名/行番号」で指定する．
図 8.4 に受信画面の表示内容を示す．

第 9 章
データベースの利用

i99-BASIC にはデータベース用のコマンドが用意されており，ファイル処理と同じイメージで処理できるようになっている．

無理にデータベースを使用しなくとも，i99-BASIC 上で配列や構造体を使用することでデータを管理することはできるが，汎用的なデータベースと連携することで，他のシステムとも連携して，より大量のデータを効率良く扱うことができる．

たとえば i99-BASIC で測定したアナログ入力のデータをデータベースに順次格納していき，別に用意した Web サーバで，アナログデータの集計結果を表示するシステムなどが考えられる．

以下の環境を例に説明していく．今回は，Oracle Database を例にしている．

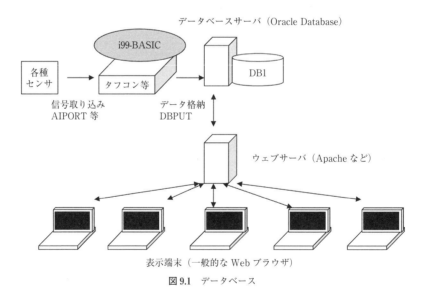

図 9.1　データベース

```
データベースサーバ名    : DBSERVER1
データベース名          : DB1
ユーザー名              : USER
パスワード              : password
テーブル名              : USER.TABLE1
```

```
            列…USER_ID(ユーザー識別ID),USER_
            NAME(ユーザー名)
            値…USER_ID    USER_NAME
                   1         ユーザー1
                   2         ユーザー2
                   3         ユーザー3
```

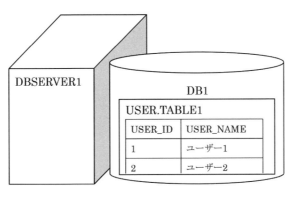

図 9.2 Oracle データベースの構造

9.1 データの抽出

まず，データベースへ接続するための情報を @DBINFO へ設定する．この行にはパスワードなどの重要情報が含まれるため，実際のシステムで運用する際は隠し行に設定しておくのがよい．

```
@DBINFO = "DBSERVER1/DB1, USER, password"
```

データベースへ接続したいときは，DBOPEN コマンドを実行する．ファイルと同様，閉じたいときは，DBCLOSE コマンドを実行する．

それでは，上述したデータベースのテーブル（USER.TABLE1）を開いてみよう．このとき，ファイル処理と同様にファイル番号を指定する．

```
DBOPEN @DBINFO,"USER.TABLE1" AS #1
```

データを参照したい場合，各列の値を格納するためのフィールド変数を DBFIELD で指定する必要がある．

```
DBFIELD #1,"USER_ID" AS USER_ID$," USER_NAME" AS USER_NAME$
```

データを抽出したいときは，DBGET を実行する．

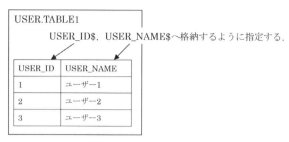

図 9.3　各列の値を格納する

```
DBGET #1
```

このコマンドを実行するとUSER_ID$，USER_NAME$にそれぞれ列の値が抽出されているので，確認してみる．

```
PRINT USER_ID$, USER_NAME$
```

結果は，以下のように返ってくる．

```
1         ユーザー1
2         ユーザー2
3         ユーザー3
```

最後に，データベースとの接続を閉じる．

```
DBCLOSE #1
```

また，データ抽出時に条件を指定したい場合は，DBWHEREを実行する．DBWHEREの指定内容は，SQL文に準じている．データベースに入る文字列はシングルクォーテーションで囲む必要があるので注意が必要である．

USER_IDが"2"のユーザ名を抽出する場合，以下のようなプログラムになる．その結果，"ユーザー2"が返ってくる．

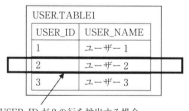

USER_IDが2の行を抽出する場合，
DBWHEREで"USER_ID='2'"を指定する．

図 9.4　データの抽出

```
100    '画面の表示を初期化
```

```
110  CLS
120  '接続するデータベースを指定する
130  @DBINFO = "DBSERVER1/DB1, USER, password"
140  'テーブルオープン
150  DBOPEN @DBINFO, "USER.TABLE1" AS #1
160  '絞り込む
170  DBWHERE #1, "USER_ID = '2'"
180  'フィールド変数を割り当てる
190  DBFIELD #1,"USER_ID" AS USER_ID$,"USER_NAME"
     AS USER_NAME$
200  '抽出する
210  DBGET #1
220  PRINT USER_NAME$
230  'テーブルクローズ
240  DBCLOSE #1
250  END
```

9.2 データの追加

データを操作したい場合，フィールド変数へ値を代入した後，DBPUT を実行する．

条件を指定せず（DBWHERE を実行せず）に DBPUT を実行すると該当データは追加される．

USER_ID が "4"，USER_NAME が "ユーザー 4" のデータを追加したい場合は，以下のようなプログラムになる．

```
100  '画面の表示を初期化
110  CLS
120  '接続するデータベースを指定する
130  @DBINFO = "DBSERVER1/DB1, USER, password"
140  'テーブルオープン
150  DBOPEN @DBINFO, "USER.TABLE1" AS #1
160  '追加する値を代入する
170  USER_ID$ = "4"
180  USER_NAME$ = "'ユーザー4'"
190  '追加する
200  DBPUT #1, USER_ID$ AS "USER_ID",USER_NAME$ AS
     "USER_NAME"
```

```
210    'テーブルクローズ
220    DBCLOSE #1
230    END
```

図 9.5　データの追加

9.3　データの修正

　条件を指定（DBWHERE を実行）して DBPUT を実行すると，該当データを修正する．誤った条件を指定すると，思わぬデータを更新することとなるため，注意が必要である．

　USER_ID が "4" のデータについて，USER_NAME$ を "ゆーざー四" に修正したい場合は，以下のようなプログラムになる．

```
100    '画面の表示を初期化
110    CLS
120    '接続するデータベースを指定する
130    @DBINFO = "DBSERVER1/DB1, USER, password"
140    'テーブルオープン
150    DBOPEN @DBINFO, "USER.TABLE1" AS #1
160    '絞り込む
170    DBWHERE #1, "USER_ID = '4'"
180    '修正する値を代入する
190    USER_NAME$ = "'ゆーざー四'"
200    '修正する
210    DBPUT #1, USER_NAME$ AS "USER_NAME"
220    'テーブルクローズ
230    DBCLOSE #1
240    END
```

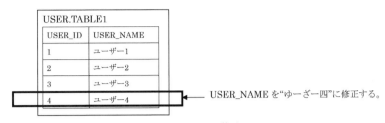

図9.6 データの修正

9.4 データの削除

データを削除するコマンドはない．この場合は，SQL文を実行する必要がある．

DBOPEN時にテーブル名を指定する代わりに"SQL:" + SQL文を指定することで実行できる．USER_IDが"4"のデータを削除したい場合は，以下のようなプログラムになる．

```
100 '画面の表示を初期化
110 CLS
120 '接続するデータベースを指定する
130 @DBINFO = "DBSERVER1/DB1, USER, password"
140 'テーブルオープン(削除用SQL文を実行する)
150 DBOPEN @DBINFO, "SQL:DELETE FROM USER.TABLE1
    WHERE USER_ID = '4'" AS #1
160 'テーブルクローズ
170 DBCLOSE #1
180 END
```

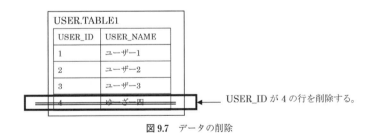

図9.7 データの削除

第10章
実用的なプログラムの作成

　風速計のプロペラの回転数は風速に比例する．また温度センサである熱電対の出力電圧の大きさは温度に比例するなど，多くの現象は簡単な直線の式で表せる．この章では，実験データをもとに少し科学的情報処理・計算を取り扱う．以下の7つのテーマについて，BASICのプログラムを用いて少し詳しくみてみよう．

　1つ目は，有名な科学者ガウスが提案した最小2乗法を用いてモータ速度とモータに加える電圧との関係を直線で近似してその実験式を求める．

　2つ目は，同じデータを用いて画像処理で使われるハフ変換を用いて直線の式を求める方法について紹介する．われわれの生活空間には直線や平面が多く，ハフ変換は直線や平面，さらに円を見つける手法として広く用いられている．

　3つ目は，ロボットなどの関節角を検出するセンサとして用いられるアブソリュートエンコーダはグレイ符号でコード化されている．なぜグレイ符号なのかを説明し，論理演算を利用した情報処理について説明する．

　4つ目は，確率について取り扱う．誰もがサイコロを使って遊び，「○○の目を出したら」と念じた経験がある．この確率的な現象を再現してみようということで乱数で遊んでみる．円の円周率 π（パイ）も乱数を利用して求めることができる．

　5つ目に，ハノイの塔とよばれる人工知能にチャレンジする．再帰的呼び出しを利用するとプログラムが非常に短く，簡単になる．

　6つ目は，多数のデータを順番に並べ替えるもっとも簡単な方法を紹介する．これにより，最大値，最小値が求まり，奇数個の場合には中央値（メディアン）が求められ，画像処理での雑音除去などに用いられている．

　最後は，計測・制御関数の1つの関数AD変換による信号のサンプリングについて取り扱う．音楽用のコンパクトディスク（CD）が44.1 kHzでサンプリングされて皆さんのお耳に届けられていることをご存じだろうか．本章ではサンプリング定理を紹介し，時間的変化の大きい（高い周波数成分をもつ）信号をAD変換でサンプリングする際に気をつけなければいけないことについてふれる．

10.1　直線の傾きを求める

　直流モータの回転速度はモータに加える電圧の大きさに比例する．図10.1に示すように，実験で得られたデータからモータに加える電圧 X とモータの回転速度 Y との関係

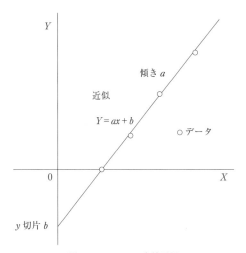

図 10.1 データの直線近似

表 10.1 モータ電圧 X とモータ回転速度 Y の実験データ

I	1	2	3	4	5	6	7	8	9	10	11	12
X	1.0	2.0	3.0	4.0	5.0	6.0	7.0	8.0	9.0	10.0	11.0	12.0
Y	0	17.0	31.8	47.4	62.5	78.4	94.0	109.1	125.6	142.0	158.2	172.3

を，次の1次関数

$$Y = aX + b \tag{10.1}$$

の形で表したい．

実験データ，電圧の値 $X_i (i = 1, \cdots, 12)$ と回転速度 $Y_i (i = 1, \cdots, 12)$ は表10.1のように得られている．1次関数の直線の傾きと直線が Y 軸と交わる点（ Y 切片）を最小2乗法を用いて求めてみよう．

最小2乗法を適用するとデータ数が n のとき，次のような行列式が成り立つ．

$$\begin{bmatrix} \sum_{i=1}^{n} X_i^2 & \sum_{i=1}^{n} X_i \\ \sum_{i=1}^{n} X_i & n \end{bmatrix} \begin{bmatrix} a \\ b \end{bmatrix} = \begin{bmatrix} \sum_{i=1}^{n} X_i Y_i \\ \sum_{i=1}^{n} Y_i \end{bmatrix} \tag{10.2}$$

2×2の行列，および2×1の行列式を次のように表現すると，

$$\begin{bmatrix} A_{11} & A_{12} \\ A_{21} & A_{22} \end{bmatrix} \begin{bmatrix} a \\ b \end{bmatrix} = \begin{bmatrix} B_1 \\ B_2 \end{bmatrix} \tag{10.3}$$

行列の各要素は次のように表される．

$$A_{11} = X_1^2 + X_2^2 + \cdots\cdots + X_{n-1}^2 + X_n^2$$

$$A_{12} = A_{21} = X_1 + X_2 + \cdots\cdots + X_{n-1} + X_n$$
$$A_{22} = n$$
$$B_1 = X_1Y_1 + X_2Y_2 + \cdots\cdots + X_{n-1}Y_{n-1} + X_nY_n$$
$$B_2 = Y_1 + Y_2 + \cdots\cdots + Y_{n-1} + Y_n$$
(10.4)

したがって次の連立方程式を解けばよい．

$$A_{11}a + A_{12}b = B_1$$
$$A_{21}a + A_{22}b = B_2$$
(10.5)

$A_{11}A_{22} - A_{12}A_{21} \neq 0$ のとき，傾き a と y 切片 b は次のように求められる．

$$a = \frac{B_1A_{22} - B_2A_{12}}{A_{11}A_{22} - A_{21}A_{12}}$$
$$b = \frac{A_{11}B_2 - A_{21}B_1}{A_{11}A_{22} - A_{21}A_{12}}$$
(10.6)

次に示すプログラムは，表 10.1 に示すデータから A_{11}, A_{12}, A_{21}, A_{22} および B_1, B_2 を求め，係数 a と b を計算し，計測データと計算により得られた直線との誤差がわかるようにグラフ化して画面表示するものである．図 10.2 に示すように非常によく一致していることがわかる．この例題では $a = 15.68$, $b = -15.38$ が得られる．

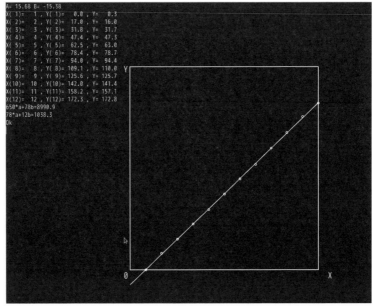

図 10.2　計測値と計算値のグラフ化

```
100   'X;電圧,Y;回転速度,YD;近似式から得られる回転速度
110   DIM X(12),Y(12),YD(12)
```

```
120    CLS 3
130    '配列変数X,Yにデータを代入
140    FOR I=1 TO 12
150        X(I)=I
160    NEXT I
170    Y(1)=0
180    Y(2)=17.0
190    Y(3)=31.8
200    Y(4)=47.4
210    Y(5)=62.5
220    Y(6)=78.4
230    Y(7)=94.0
240    Y(8)=109.1
250    Y(9)=125.6
260    Y(10)=142.0
270    Y(11)=158.2
280    Y(12)=172.3
290    A11=0
300    A12=0
310    A21=0
320    A22=0
330    '式(9・4)の計算
340    FOR I=1 TO 12
350        A11=A11+X(I)^2
360        A12=A12+X(I)
370        B1=B1+X(I)*Y(I)
380        A21=A21+X(I)
390        A22=A22+1
400        B2=B2+Y(I)
410    NEXT I
420    '傾きAとY切片の計算
430    A=(B1*A22-B2*A12)/(A11*A22-A12*A21)
440    B=(A11*B2-A21*B1)/(A11*A22-A12*A21)
450    PRINT USING "A= ##.## B= ###.##";A;B
460    '近似式にXを代入し,YDを求める.
470    FOR I=1 TO 12
480        YD(I)=A*X(I)+B
```

```
490         PRINT USING "X(##)= ### , Y(##)= ###.# ,
            Y= ###.# ";I,X(I),I,Y(I),YD(I)
500     NEXT I
510     PRINT A11;"*a";"+";A12;"b=";B1
520     PRINT A21;"*a";"+";A22;"b=";B2
530     '座標軸 Y軸 X軸 原点Oのグラフィクス表示
540     RECTANGLE (400,200)-(600,630)
550     DRAWTEXT (380,190),"Y",20,32,6
560     DRAWTEXT (1030,830),"X",20,32,6
570     DRAWTEXT (380,830),"0",20,32,6
580     '実験データを半径3の円でプロット
590     FOR I=1 TO 12
600         CIRCLE (400+X(I)*50,830-Y(I)*3),3,7
610     NEXT I
620     '得られた式をグラフィクスで直線描画
630     X0=0
640     Y0=B
650     XG=12
660     YG=A*XG+B
670     LINE(400+X0*50,830-Y0*3)-(400+XG*50,830-YG*3)
680     END
```

10.2 ハフ変換で直線を検出する

図 10.3 に示すように，画像処理の対象となるシーンの中には多数の直線が含まれている．自動車の自動運転技術（ロボット化）が進み，画像中の路肩，追い越し車線，防音壁などの直線を検出することは非常に重要になってきている．画像内のすべての直線を一度に検出する方法としてハフ変換が有名である．1962 年 P. V. C. Hough によって考案され，特許として公開され，より一般的な極座標表示によるハフ変換が現在利用されている．ここでは，ハフ変換の原理を最初に提案された直交座標で紹介しよう．

10.1 節の例題の 12 組のデータ $(X(i), Y(i))$ を用いて，次に示すような横軸を q 軸，縦軸を p 軸で表す座標系 (q, p) 上に次に示すような 12 本の直線をプロットしてみよう．

$$p = X(i)q + Y(i) \tag{10.7}$$

次に示すプログラムを実行すると図 10.4 に示すようにグラフ内に 12 本の直線が描かれ，ほぼ 1 点で交わり，この交点は 10.1 節で求めた (15.86, −13.38) にほぼ一致していることがわかる．画像データ内に複数の直線があれば，このような直線が集中して交

図 10.3　画像処理の例

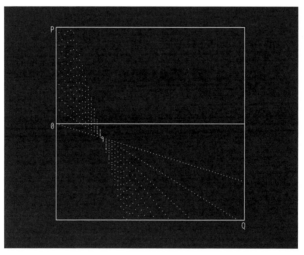

図 10.4　ハフ変換

わる点が複数個得られる．このようにして複数の直線を画像内からみつけることができる．

```
100    DIM X(12),Y(12)
110    CLS 3
120    '実験データを配列変数X,Yに代入
130    FOR I=1 to 12
140        X(I)=I
150    NEXT I
160    Y(1)=0
```

```
170    Y(2)=17.0
180    Y(3)=31.8
190    Y(4)=47.4
200    Y(5)=62.5
210    Y(6)=78.4
220    Y(7)=94.0
230    Y(8)=109.1
240    Y(9)=125.6
250    Y(10)=142.0
260    Y(11)=158.2
270    Y(12)=172.3
280    '座標軸を表示, (400,200)が原点
290    RECTANGLE (400,200)-(640,640)
300    '12本の直線を描画 0<q<64 p<106の範囲で点をプロット
310    FOR I=1 TO 12
320        FOR q=0 TO 64
330            p=-X(I)*q + Y(I)
340            IF ABS(p)<106 THEN
350                PSET (400+q*10,520-p*3),7
360            END IF
370        NEXT q
380    NEXT I
390    'P,Q,原点Oをグラフィックスで表示
400    DRAWTEXT (380,190),"P",20,32,6
410    DRAWTEXT (1030,840),"Q",20,32,6
420    DRAWTEXT (380,510),"O",20,32,6
430    '交点を表示
440    LINE (400,520)-(1040,520)
450    CIRCLE (400+15.68*10,520-(-15.38)*3),3,5
460    END
```

10.3　グレイ符号からバイナリ符号に変換する

　ロボットの関節角や風向風速計の風向などの計測では，符号化された円盤の位置を光学センサや磁気センサにより読み取り，正確な回転角を検出する．たとえば，図10.5(a)に示すように，4方位を検出したい場合には2ビットで円盤を符号化すればよい．この

とき，00，01，10，11 と2進数の一般的な並びでコード化すると，2つのセンサを用いて符号化する場合，01 と 10 の符号の境界ではセンサと境界の位置関係によって 00，01，10，11 のすべての符号が検出される可能性があり，実際の位置が不明となる．00 と 11 の境界でも同じことが起こりうる．ところが，円盤を 00，01，11，10 の順でコード化すると，例えば 01 と 11 の境界では下位のビット 1 と 1 ではセンサの誤作動がない限り，1 の出力が得られ，0 と 1 の境界では 0，あるいは 1 が出力されるので，どちらかの位置として検出できる．この符号化されたコードは隣同士の符号が 1 ビットだけ異なっており，この符号をグレイ符号という．図 10.5(b) は 4 方位を 2 ビットのグレイ符号でコード化したものである．

10 進数で 0，1，2，3 を順番に 2 進数として表現するとき，2 ビットの情報は，
  2 進数（00，01，10，11）
となる．これに対し，グレイ符号では
  グレイ符号（00，01，11，10）
となる．

ふつうの 2 進数からグレイ符号に変換するためには

①グレイ符号に変換したい 2 進数を選ぶ．

②この 2 進数を 1 ビット右にシフトし，先頭のビットは 0 とする．（最下位のビットは失われる．）

③①の 2 進数と②で得られた 2 進数について各ビットごとの排他的論理和をとる．

この結果得られるのがグレイ符号である．ところが，グレイ符号に変換されたコードを読み取り，そのまま 10 進数に変換すると（0，1，3，2）となり，もとの順番の 2 進数に戻してから，いろいろな処理を行うほうが便利である．

ここでグレイ符号をふつうの並びの 2 進符号に変換するプログラムを紹介する．ビット数 n のグレイ符号を文字列として入力すると，ふつうの並びの n ビットの 2 進数が得られる．

n ビットのグレイ符号 $G_{n-1}G_{n-2}\cdots G_0$ を普通の並びの n ビットの 2 進数 $B_{n-1}B_{n-2}\cdots B_0$

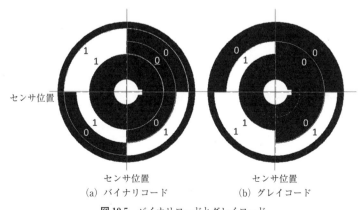

(a) バイナリコード (b) グレイコード

図 10.5　バイナリコードとグレイコード

に変換するための論理式は次式で表される．

$$B_{n-1} = G_{n-1} \text{ XOR } B_n \tag{10.8}$$

すなわち，B_{n-1} は G_{n-1} と B_n の排他的論理和（XOR）として求められる．ここで，$B_n = 0$ である．したがって式(10.8)から，バイナリ符号の最上位ビット B_{n-1} は，

$$B_{n-1} = G_{n-1} \text{ XOR } 0$$

となる．$G_{n-1} = 1$ のとき $B_{n-1} = 1$，$G_{n-1} = 0$ のとき $B_{n-1} = 0$ となり，グレイ符号とバイナリ符号の最上位ビットは一致する．以下，

$$B_{n-2} = G_{n-2} \text{ XOR } B_{n-1}$$

と下位ビットの値が順番に確定していく．これをプログラムすると次のようになる．

```
100    'ビット数の入力
110    INPUT "N=";N
120    DIM G(N),B(N+1)
130    'グレイ符号を文字列で入力
140    INPUT "DIRECTION=";DIR$
150    'グレイ符号を文字列で表示し，各ビットの情報G(I)を取り出す
160    PRINT "GRAY    CODE=";
170    FOR I=1 TO N
180        G(I)=VAL(MID$(DIR$,N+1-I,1))
190        PRINT G(I);
200    NEXT I
210    PRINT
220    'バイナリ符号への変換
230    PRINT "BINARY CODE=";
240    '論理式 を用いて を計算,表示 但しB(N+1)=0
250    B(N+1)=0
260    FOR I=N TO 1
270        B(I)=G(I) XOR B(I+1)
280        PRINT B(I);
290    NEXT I
300    PRINT
310    END
```

10.4 乱数を利用する

BASICには疑似乱数を発生する関数RNDがあり，簡単に0以上1未満の乱数をつくりだすことができる．また，RANDOMIZEという関数により異なる乱数系列をつくり

だすことができ，統計的現象のシミュレーションに利用できる．書式は

    RANDOMIZE [<数式>]

で，疑似乱数の発生系列を単精度整数型の数式で変えることができる．省略すると1となる．また，同一の系列の場合，RND で生成される疑似乱数は同じ繰り返しとなる．

◆10.4.1◆　サイコロの目

すごろく遊びなどでサイコロを投げて遊んだ経験のない人はいないでしょう．サイコロの目は1から6まであり，サイコロを何度も投げるとそれぞれの目の出る回数はほぼ同じになるだろうと予想される．

「1から6までの目が出る確率はそれぞれ6分の1である．」と高校の教科書にもあり，確率・統計の問題に悩まされた方も多いだろう．

それでは，サイコロを N 回投げて1から6の目がそれぞれ何回出るかをシミュレーションしてみよう．RND という関数を用いると0以上1未満の乱数を返してくれるので，1から6までの乱数を発生させるためには，

    INT（RND * 6）+ 1

を計算すればよい．（RND * 6）により，0以上6未満の乱数が得られ，INT 関数により，小数点以下を切り捨て（整数部分をとり），さらに1を加えることにより，0から6までの乱数を作りだすことができる．

サイコロをふる回数が多くなると，1から6のそれぞれ出る回数は次第にそろってくることが予想される．ここで試行回数 N を入力し，1から6の目の出る回数を表示するプログラムを次に紹介する．$N = 2000$ のときのプログラムの実行結果を図10.6に示す．配列変数 CUBE（1），CUBE（2），…，CUBE（6）に乱数で得られる1から6の目の出た回数を積算していく．行番号150でシミュレーションを行う回数をキーボードから入力する．

行番号170から200で乱数を発生させて各さいの目が出た回数を積算している．

このプログラムでは，テキスト画面に＊印を表示して棒グラフを作成し，さらにグラフィックス関数の LINE 文により棒グラフを作成してコンソール画面に表示する．

```
100    DIM CUBE(6)
110    CLS 3
120    FOR X=1 TO 6
130        CUBE(X)=0
140    NEXT X
150    INPUT "KAISU=";KAISU
160    '1から6までの乱数を発生させ,回数を積算する
170    FOR J=1 TO KAISU
180        X=INT(RND*6)+1
```

図 10.6　プログラムの実行結果

```
190         CUBE(X)=CUBE(X)+1
200     NEXT J
210     '目の出た回数の最大値MAXを求める.
220     MAX=0
230     FOR I=1 TO 6
240         IF MAX<CUBE(I) THEN
250             MAX=CUBE(I)
260         END IF
270     NEXT I
280     '最大値が*印,100に対応させるための調整係数を求める
290     SCALE1=MAX/100
300     '*印の表示による棒グラムの作成
310     FOR X=1 TO 6
320         PRINT X,CUBE(X);
330         FOR I=1 TO CUBE(X)/SCALE1
340             PRINT "*";
350         NEXT I
360         PRINT
370     NEXT X
380     'SCALE2はグラフィックス画面の解像度にあわせる調整係数
390     SCALE2=MAX/1000
400     LINE (100,200)-(100,550)
410     '線幅を20とする
420     DRAWSTYLE LINEWIDTH=20
```

```
430     '1から6の目が出た回数を棒グラフでグラフィックス表示
440     '棒グラフの左端に1から6をグラフィックス表示する
450     FOR I=1 TO 6
460         LINE (100,200+50*I)-(100+CUBE(I)/SCALE2,
            200+50*I),I
470         DRAWTEXT (80,180+50*I),STR$(I),24,32
480     NEXT I
490     END
```

初期のBASICはグラフィックスの機能が不十分であり，回数などをグラフで表現するときにはPRINT文の書式を利用している．

たとえば，行番号310から370を行番号330においてSCALE1=1として以下のように修正し，このプログラムの流れをみてみよう．

```
310     FOR X=1 TO 6
320         PRINT X,CUBE(X);
330         FOR I=1 TO CUBE(X)
340             PRINT "*";
350         NEXT I
360         PRINT
370     NEXT X
```

たとえば，1の目が出た回数が12とする．このとき行番号320においてX=1,CUBE(1)=12となる．ここでは説明を簡単化するため，行番号330のSCALE1は1とする．

行番号320のPRINT文で

    1   12

と画面表示され，行番号340のPRINT "*";で12を表示した後に続けて行番号330から行番号350の繰り返し処理により，＊印が次のように12個表示される．

    1   12************

ところで，テキスト画面に＊印を表示する場合には水平方向に表示できる文字数には限りがあり，画面表示できる文字数にあわせて最も多く出たサイコロの目の回数が＊印100個分となるようにした．行番号290のSCALE1はそのための調整係数である．また，行番号390のSCALE2はグラフィックス画面の横方向の解像度にあわせて棒グラフの長さが最大1000となるようにするための調整係数である．なお，棒グラフの長さはLINEの長さで表し，行番号420で線幅を20としている．

◆10.4.2◆ モンテカルロ法による円周率の計算

乱数を使って数学や物理の問題を解くことをモンテカルロ法という．円周率πの値を求めてみよう．0以上1未満の2組の乱数 X, Y を発生させ，これを座標値 (X, Y) とし，点Pとする．点Pは必ず

　　　領域 $S: 0 \leq X < 1,\ 0 \leq Y < 1$

正方形内部に存在する．また，原点を中心とする半径1の円の4分の1円の内部，

　　　領域 $A: X^2 + Y^2 \leq 1,\quad X \geq 0,\quad Y \geq 0$

を考える．領域 S の面積は1，領域 A の面積は$π/4$である．したがって，点Pが面積1の正方形の領域のなかでこの1/4円に内部にどれだけの確率で存在するかを計算すれば，その確率を4倍して円周率πの近似値を求めることができる．

　モンテカルロ法による円周率πの計算のプログラムを以下に示す．また，その計算結果を図10.7に示す．20000回の試行で円周率3.1428が得られている．

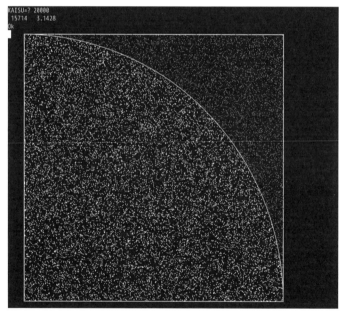

図 10.7 モンテカルロ法による円周率πの計算プログラム

```
100   CLS 3
110   '左下を原点とし,(50,50)-(800,800)を(0,0)-(1,1)に対
      応させる．
120   DRAWSTYLE ORIGINPOS=1                    画面左下を原点
130   RECTANGLE (50,50)-(800,800)
140   'キーボードから入力された回数だけ0以上1未満の2組の乱数を発
      生
```

```
150    COUNT=0
160    INPUT "KAISU=";KAISU
170    FOR I=1 to KAISU
180    X=RND
190    Y=RND
200    '領域Aに属する点は白(7)でプロット
210      IF X^2+Y^2<=1 THEN
220        COUNT=COUNT+1:PSET (50+800*X,50+800*Y),7
230      ELSE
240        PSET (50+800*X,50+800*Y),3
250      END IF
260    NEXT I
270    '半径1の4分の1円
280    CIRCLE (50,50),800,4,0,90
290    '領域Aのカウント数/領域Sのカウント数からπの近似値を計算
300    PRINT COUNT,4*COUNT/KAISU
310    END
```

10.5 ハノイの塔にチャレンジ

N 枚の円盤を棒 A から棒 B を経由して棒 C へ移す手続きを

```
HANOI(N,A,B,C)
```

とする．ただし，直径の大きい円盤を径の小さい円盤の上に置かないようにしなければならない．次のような手順で目標を達成できる．これらの円盤の動きを表すと $N = 3$ のとき，図 10.8 のようになる．話を N 枚に戻すと問題を次のように分解することができる．

① $(N-1)$ 枚の円盤を棒 A から棒 C を通して棒 B へ移す．

```
HANOI(N-1,A,C,B)
```

②棒 A に残った 1 枚の円盤を棒 C に移す．

③棒 B の $(N-1)$ 枚の円盤を棒 C に移す．

```
HANOI(N-1,B,A,C)
```

この手続きを関数 HANOI（N，A，B，C）として次のようなプログラムで簡単に表現できる．

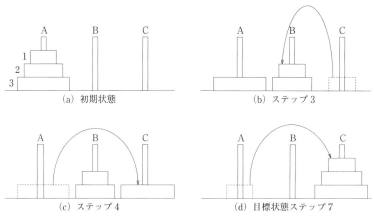

図 10.8　ハノイの塔の手順 ($N=3$)

```
100    INPUT "N=";N
110    HANOI(N,"A","B","C")
120    END
130    FUNCTION HANOI(N,A$,B$,C$)
140       IF N>0 THEN
150          HANOI(N-1,A$,C$,B$)
160          PRINT "No.=";N;"disc ";"Move ";C$;"
             from ";A$
170          HANOI(N-1,B$,A$,C$)
180       END IF
190 END FUNCTION
```

たとえば $N=3$ のとき，7ステップで3枚の円盤を棒Aから棒Cへ移すことができる．直径の小さい円盤から No.1, No.2, No.3 とする．円盤の移動は次の3つの手順で表現できる．

①棒Aから上の2枚（円盤1，円盤2）を，棒Cを介して棒Bへ移す．

②最も直径の大きい円盤3を，棒Aから棒Cに移す．

③棒Bの円盤1，円盤2の2枚を，棒Aを介して棒Cへ移す．

上記①の手順については

1) 棒Aから1枚（円盤1）を（棒Bを介して）棒Cへ移す．

2) 円盤2を棒Aから棒Bに移す．

3) 棒Cの円盤1，円盤2の2枚を棒Aを介して棒Bへ移す．

プログラムを実行すると次のような解が得られる．

```
ステップ1  →  1disc Move C from A
ステップ2  →  2disc Move B from A
```

ステップ3	→	1disc Move B from C
ステップ4	→	3disc Move C from A
ステップ5	→	1disc Move A from B
ステップ6	→	2disc Move C from B
ステップ7	→	1disc Move C from A

ステップ1からステップ3までの手順が①，ステップ4の手順が②，ステップ5からステップ7までの手順が③に相当する．

行番号［100］を実行後，行番号［110］で関数 HANOI（N,A\$,B\$,C\$）にジャンプしてからのプログラムの流れを示す．簡単化のために $N = 2$ での実行例を示す．関数が呼び出されるときの引数 N の値と A\$，B\$，C\$，円盤操作について右側に示している．次の点を注意しながら以下に示す流れをみてほしい．関数 FUNCTION（行番号130）が呼び出され，END FUNCTION（行番号190）で終了する．

行番号 100 の INPUT 文から行番号 120 の END までの流れをまとめると図 10.9 のようになる．これより，次のことがわかる．

① $N = 0$ のときには処理することなく END FUNCTION にジャンプしている．
② 行番号 160 の PRINT 文で円盤操作を記述する．引数 N の値の円盤を移動する．
③ 操作直前の関数の引数 A，B，C の並びから棒から棒への円盤の移動が決まる．

10.6 並べかえを行う

画像処理でノイズ除去を目的として，3×3の9画素について平滑化するフィルタとして図 10.10 に示す単純加算フィルタや加重平均フィルタがテンプレートとしてよく用いられる．

いま，9画素の濃度が配列変数 P(1) から P(9) で与えられ，P(4) の画素値にノイズが加わり，実際とは大きくかけ離れた画素値が得られた場合，単純加算フィルタや加重平均フィルタではノイズの値が平均値の計算に大きな影響を与える．このような場合に9画素の濃度を順番に並べてみて，まんなかの中央値を採用する方法がよく用いられる．これをメディアン（中央値）フィルタという．

次のプログラムは9画素について濃度順に並べ替えて画素値の濃度の小さいほうから5番目の画素の濃度を採用するものである．なお，各画素の濃度にそれぞれ等しい重み 1/9 をかけて加える移動平均フィルタと，計算対象となる中央の画素の濃度に最も大きな重み（4/16）をかけ，斜め方向に隣接する画素への重みを 1/16，上下左右方向の重みを 2/16 として，加算を行う加重平均フィルタによる結果を出力している．

```
100   DIM P(10),T1(10),T2(10)
110   '画素データ配列変数P
120   P(1)=5
```

```
                [100]
                [110]
                        [130]                                    2,A,B,C
                        [140]
                        [150]
                                [130]                            1,A,C,B
                                [140]
                                [150]
                                        [130]                    0,A,B,C
                                        [140]
                                        [190]
                                [160] ─────────────── 円盤1をAからBへ
                                [170]
                                        [130]                    0,C,A,B
                                        [140]
                                        [190]
                                [180]
                                [190]
                        [160] ─────────────────── 円盤2をAからCへ
                        [170]
                                [130]                            1,B,A,C
                                [140]
                                [150]
                                        [130]                    0,B,C,A
                                        [140]
                                        [190]
                                [160] ─────────────── 円盤1をBからCへ
                                [170]
                                        [130]                    0,A,B,C
                                        [140]
                                        [190]
                                [180]
                                [190]
                        [180]
                        [190]
                [120]
```

図 10.9　ハノイの塔のプログラムの流れ（$N=2$ の場合）

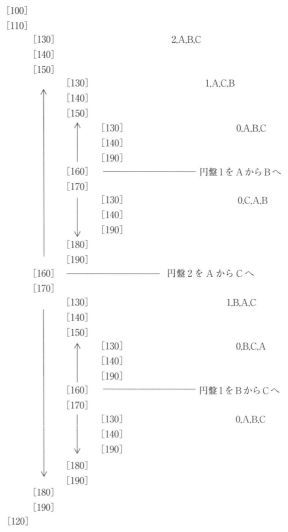

図 10.10　平滑フィルタ

```
130    P(2)=6
140    P(3)=4
150    P(4)=18
160    P(5)=7
170    P(6)=3
180    P(7)=5
190    P(8)=2
200    P(9)=9
210    '移動平均フィルタの重み係数T1
220    T1(1)=1/9
230    T1(2)=1/9
240    T1(3)=1/9
250    T1(4)=1/9
260    T1(5)=1/9
270    T1(6)=1/9
280    T1(7)=1/9
290    T1(8)=1/9
300    T1(9)=1/9
310    '加重平均フィルタの重み係数T2
320    T2(1)=1/16
330    T2(2)=2/16
340    T2(3)=1/16
350    T2(4)=2/16
360    T2(5)=4/16
370    T2(6)=2/16
380    T2(7)=1/16
390    T2(8)=2/16
400    T2(9)=1/16
410    '画素データに移動平均フィルタを適用
420    FOR I=1 TO 9
430        A=A+P(I)*T1(I)
440    NEXT I
450    '画素データに加重平均フィルタを適用
460    FOR I=1 TO 9
470        B=B+P(I)*T2(I)
480    NEXT I
490    '与えられた濃度データPの画面表示
```

```
500   PRINT "I","P(1)","P(2)","P(3)","P(4)","P(5)",
      "P(6)","P(7)","P(8)","P(9)"
510   FOR I=0 TO 9
520      PRINT P(I),
530   NEXT I
540   PRINT
550   '並べ替え，IとJの2重ループのなかでP(1)~P(9)を表示
560   FOR I=1 TO 8
570      FOR J=I+1 TO 9
580         IF P(I)>P(J) THEN
590            t=P(I)
600            P(I)=P(J)
610            P(J)=t
620         END IF
630      NEXT J
640      PRINT I,P(1),P(2),P(3),P(4),P(5),P(6),P(7),
         P(8),P(9)
650   NEXT I
660   PRINT "移動平均";INT(A),"加重平均";INT(B),"中央値
      ";P(5)
670   END
```

行番号560から650で濃度の小さいものから順番に並べかえている．

　簡単にプログラムの流れについて説明する．ここでは配列の大きさを5とし，濃度データの値を変更している．濃度データは「P(1) = 9，P(2) = 3，P(3) = 5，P(4) = 2，P(5) = 5とし，行番号200から250について次のように書き換える．

```
560   FOR I=1 TO 4
570      FOR J=I+1 TO 5
580         IF P(I)>P(J) THEN
590            t=P(I)
600            P(I)=P(J)
610            P(J)=t
620         END IF
630      NEXT J
640      PRINT I,P(1),P(2),P(3),P(4),P(5)
650   NEXT I
```

① $I = 1$ のとき，$P(1) = 9$ であり，9をとりあげて以下の3, 5, 2, 5までの数値と比較する．

② 最初の比較対象は $J = 2(= I + 1)$ で $P(2) = 3$ である．関係演算子による大小関係を調べると

$P(I) > P(J)$ 「9＞3で真である」

を満足するので，9と3入れ替える．したがって $P(1)$ から $P(5)$ の配列の新しい並びは「3, 9, 5, 2, 5」となる．

③ まだ J についての比較は終了しておらず，$I = 1$ である．ただし，$P(1) = 3$ と変化していることに注意する．比較対象は，次の $J = 3$ の $P(3) = 5$ である．しかし，今度は関係演算子による大小関係を調べると

$P(I) > P(J)$ 「3＞5で偽である」

を満足しないので入れ替えは行わない．

④ $P(1) = 3$ と変わらず，比較対象は $J = 4$ の $P(4) = 2$ となる．関係演算子による大小関係を調べると

$P(I) > P(J)$ 「3＞2で真である」

を満足しているので，3と2を入れ替える．したがって，$P(1)$ から $P(5)$ の配列変数の新しい並びは「2, 9, 5, 3, 5」となる．

⑤ 次は $I = 1$, $J = 5$ で $P(1) = 2$, $P(5) = 5$ であり，次に示すように関係演算子による大小関係を満足せず，入れ替えは行われない．

$P(I) > P(J)$ 「2＞5で偽である」

⑥ これで $I = 1$ に対する $J = 2$ から $J = 5$ までの比較が終了する．

最初の一連の比較により配列変数の並びは「2, 9, 5, 3, 5」となる．次に「9, 5, 3, 5」について同様の処理を繰り返して行うと「2, 3, 9, 5, 5」となる．この並べ替え処理による配列変数の並びの変化を表10.2にまとめた．表10.2の太枠内の数値は配列変

表10.2 配列変数

I	J	配列変数 D				
		$D(1)$	$D(2)$	$D(3)$	$D(4)$	$D(5)$
		3	9	5	2	5
1	2	3	9	5	2	5
1	3	3	9	5	2	5
1	4	2	9	5	3	5
1	5	2	9	5	3	5
2	3	2	5	9	3	5
2	4	2	3	9	5	5
2	5	2	3	9	5	5
3	4	2	3	5	9	5
3	5	2	3	5	9	5
4	5	2	3	5	5	9

D の値が確定していく状況を示している．

10.7 信号のサンプリングを行う

インタフェースのコンピュータは AD 変換器を備えており，いろいろなセンサからの出力信号を計測することができる．角速度を計測するジャイロ，振動を計測する加速度センサなどの信号計測を行う場合，計測対象となる信号の周波数特性を把握し，必要な周期でサンプリングする必要がある．信号のサンプリングを行い，このパルス列から元の信号を再現するためには入力信号の周期の 1/2 より短い周期でサンプリングする必要がある．これをサンプリング定理といい，信号をほぼ完全な形で再現するためには信号の中に含まれる最も高い周波数成分に注目してサンプリング周期を決める必要がある．先に述べた CD に録音されている音楽は 44.1 kHz でサンプリングされている．人間の耳は個人差はあるが，20 kHz 前後の周波数の音まで聴こえるといわれ，サンプリング周波数が 44.1 kHz となっている．

図 10.11 は時間とともに変化する正弦波信号を一定周期 100 ms，あるいは 250 ms で観測した結果を表している．

いま，4 Hz（周期 250 ms）の交流信号をサンプリング周期 250 ms でとりこむとサンプリング出力は一定振幅のパルス列となり，直流信号をサンプリングしたときに得られるパルス列と区別できない．

ここで信号電圧 V が

$$V = 10 \sin(2\pi ft), \quad f = 4$$

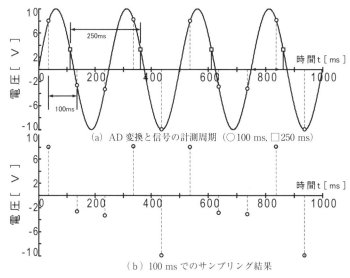

(a) AD 変換と信号の計測周期（○100 ms, □250 ms）

(b) 100 ms でのサンプリング結果

図 10.11 AD 変換による信号のサンプリング

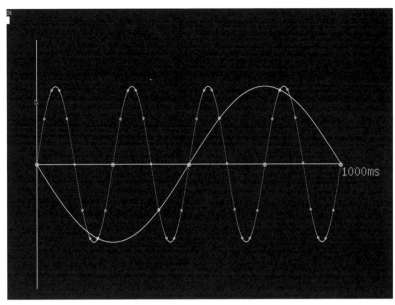

図10.12 サンプリング出力例

で与えられるとき，最大値が 10 V，最小値 −10 V で f は周波数とよばれ，この例では f = 4 Hz である．π は円周率で 3.14159 である．時刻 t が 0 秒から 1 秒までの短い時間の信号変化を表している．1 秒は 1000 ms であり，横軸の時間は ms とする．

次に示すプログラムは 4 Hz の正弦波を 25 ms（40 Hz）でサンプリングした場合，200 ms（5 Hz）でサンプリングした場合，さらに 250 ms（4 Hz）でサンプリングした場合のサンプル列を示すシミュレーションを行うものである．シミュレーション結果を図 10.12 に示す．

4 Hz でサンプリングを行った場合は，一定の信号電圧のパルス列が得られ，この図では時刻 0 ms からサンプリングを開始しているので，得られる電圧の値は常に 0 V となり，時間軸と一致した結果となっている．5 Hz でサンプリングした場合はみかけが 1 Hz の信号にみえる．このようにサンプリング定理を満たさない周波数（この例では 8 Hz 未満）で信号をサンプリングするときに生じる現象をエリアシングといい，計測のときには注意しなければならない．

```
100    '4Hzの正弦波をAD変換器でサンプリング
110    CLS 3
120    PI=3.14
130    '縦軸は電圧データ，横軸は時間軸
140    LINE (100,100)-(100,900)
150    LINE (100,500)-(1100,500)
160    DRAWTEXT (1100,500),"1000ms",32,40,4
```

```
170  'サンプリング25ms半径3の円でプロット
180  FOR T=0 TO 1000 STEP 25
190  V=250*SIN(2*PI*4*T/1000)
200  CIRCLE (100+T,500-V),3,7
210  NEXT T
220  'サンプリング200ms 半径6の円でプロット
230  FOR T=0 TO 1000 STEP 200
240  V=250*SIN(2*PI*4*T/1000)
250  CIRCLE (100+T,500-V),5,2
260  NEXT T
270  'サンプリング250ms 半径6の円でプロット
280  FOR T=0 TO 1000 STEP 250
290  V=250*SIN(2*PI*4*T/1000)
300  CIRCLE (100+T,500-V),6,4
310  NEXT T
320  'サンプリング1msで4Hzの正弦波データを点でプロット
330  FOR T=0 TO 1000
340  V=250*SIN(2*PI*4*T/1000)
350  PSET (100+T,500-V),7
360  NEXT T
370  'サンプリング1msで1Hzの正弦波データを点でプロット
380  FOR T=0 TO 1000
390  V=-250*SIN(2*PI*T/1000)
400  PSET (100+T,500-V),7
410  NEXT T
420  END
```

時刻を表す変数は FOR 〜 NEXT で 0 から 1000 ms の範囲で変化する T である．また，サンプリング周期の違いは FOR 〜 NEXT STEP ＜増減分＞の増減分の値で表すことができる．

```
180  FOR T=0 TO 1000 STEP 25   (周波数40Hz,周期 25ms)
230  FOR T=0 TO 1000 STEP 200  (周波数5Hz, 周期200ms)
280  FOR T=0 TO 1000 STEP 250  (周波数4Hz, 周期250ms)
```

図 10.13 は 4 Hz の正弦波信号を AD 変換器を用いて 5 Hz（周期 200 ms）でサンプリングした結果である．サンプリング結果が 1 Hz の正弦波上にあることがわかる．計測には次のプログラムを用いた．なお，割込み処理発生時に行番号から 410 から 500 までを

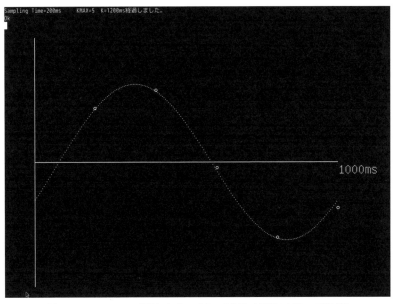

図 10.13 5 Hz で AD 変換したサンプリング結果（点線は 1 Hz の正弦波）

実行する．ON TIMER GOSUB ～ を用いる場合，各行番号を翻訳しながら実行するので，サンプリング周期が短く，時間遅れが発生するので，時間軸の精度を優先する場合には，第 7 章で紹介したアナログ信号の入力条件を設定したのち，AISTART コマンドを用いてサンプリングを開始するとよい．

```
100     'ON TIMER GOSUB サンプルプログラム
110     DIM D(1000)
120     AIOPEN
130     K=0
140     CLS 3
150     'サンプリング時間の入力(ms)
160     INPUT "Sampling Time(ms)=";SMPLT
170     '縦軸サンプリングデータ,横軸 時間軸
180     LINE (100,100)-(100,900)
190     LINE (100,500)-(1100,500)
200     DRAWTEXT (1100,500),"1000ms",32,40,4
210     'サンプリンデータ数の計算
220     KMAX=1000/SMPLT
230     PRINT "Sampling Time=";SMPLT;"ms","KMAX=";KMAX
240     FLAG = FALSE
```

```
250     '定時刻になった時の分岐先を定義
260     ON TIMER=SMPLT GOSUB ADCONV
270     '割り込みの設定を許可
280     TIMER ON
290     '定時刻になるまで時刻を表示
300     DO
310        IF FLAG = TRUE THEN
320               EXIT DO
330        ELSE
340               'PRINT K
350        END IF
360     LOOP
370     '終了
380     AICLOSE
390     PRINT "K=";K*SMPLT;"ms経過しました."
400     END
410     '割り込み処理  1チャンネルAD変換入力,サンプル回数チェック
420     ADCONV:
430        K=K+1
440        D(K)=AIPORT(1)
450        CIRCLE (100+SMPLT*K,500-(D(K)-2048)/8),5
460        IF K=KMAX THEN
470               FLAG=TRUE
480               TIMER OFF
490        END IF
500     RETURN
```

簡単にプログラムの流れについて説明しよう．定時刻になったときの割り込み処理先 ADCNV を行番号 260 で定義したのち，行番号 280 で割り込みを許可している．

```
260     ON TIMER=SMPLT GOSUB ADCONV
280     TIMER ON
```

変数 SMPLT が割り込みをかける時間で AD 変換を行うサンプリング周期となる．単位は ms である．このプログラムでは行番号 160 の INPUT 文でサンプリング周期を与える．

```
160     INPUT "Sampling Time=(ms)";SMPLT
```

計測時間は 1 s（= 1000 ms）とし，これによりサンプリング回数 KMAX，すなわち割り込み回数が決まる．

この計算は行番号 220 で行う．

```
220   KMAX=1000/SMPLT         'サンプル回数1000は1000ms
```

割り込み回数は行番号 130 で初期化（$K = 0$）した変数 K を加算し，変数 K が所定のサンプリング回数 KMAX に一致するときタイマーを停止する．行番号 430 で変数 K の加算を行い，AD 変換を行い，その結果をグラフ上にプロットする．

行番号 470 で

  FLAG=TRUE

とし，タイマーを停止し，メインルーチンの

  DO LOOP

から

  EXIT DO

で抜けてプログラムを終了する．

COLUMN_06　16方位の風向をグレイ符号で表す■

1987（昭和62）年の特許公報に特許出願公告「第004661号」で発明の名称「風向風速計」が掲載された．発明者は恩師である粟野誠一先生と筆者である．そのなかの項目の1つが，風向の方位計測に4ビットのグレイ符号を用いることであった．第9章の例題でとりあげているが，グレイ符号は簡単にふつうの2進数に変換できる．写真は，日本大学理工学部のお茶の水校舎の屋上で風力発電実験を行い，同時に風向・風速データを取集しているときのものである．風向・風速計の裏蓋をはずすと，グレイ符号でコード化された円盤とセンサによる計測部がみえる．

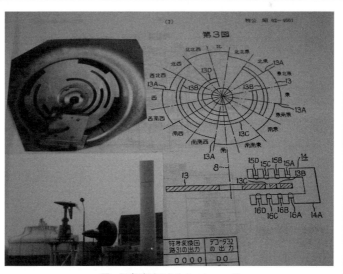

図　風向計測のためのエンコーダ

第 11 章

統合開発環境を利用してみよう

11.1 統合開発環境

◆11.1.1◆ 起動画面

　コンピュータの電源を入れると自動的に i99-BASIC が起動する．i99-BASIC のインストール後に初めて立ち上げるとき，図 11.1 のコンソール画面となる．コンソール画面では，主にキーボード操作により，コマンドを入力して i99-BASIC によるプログラムを作成する．

　統合開発環境に移動するためには，画面左下の「IDE」ボタンをマウスで左クリックするか，Shift + F12 キーを押す．この操作により，図 11.2 に示す統合開発環境（IDE）画面に切り替わる．IDE 画面では，プログラムの編集や実行を行うことができ，開発効率をよくするため，各種ツールを利用できる．左上のプログラムエリアに BASIC プログラムのソースが常に表示されており，実行結果を確認しながらプログラムの開発を行うことができる．

　IDE の画面は図 11.2 に示すように「メニューエリア」，「プログラムエリア」，「変数エリア」，「実行画面エリア」，「コマンドエリア」，「ボタンエリア」から構成されている．

1) メニューエリア

　ファイルからヘルプまでの 8 つの機能が呼び出せる画面上部のメニューである．

図 11.1　i99-BASIC の立ち上げ画面（コンソール画面）

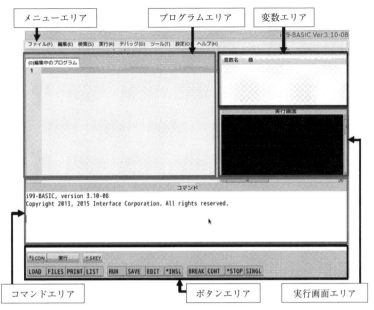

図 11.2 統合開発環境（IDE）画面

2) プログラムエリア

BASIC のソースプログラムを記載するエリアである．プログラムエリアでは記述した BASIC プログラムの編集，保存，実行等の各種操作ができる．

3) 変数エリア

プログラムの流れに従って，特定の変数をモニターし表示するエリアで，複数の変数の指定も可能である．

4) 実行画面エリア

実行結果を表示するエリアである．実行画面エリアでは，プログラム実行時の「PRINT」やグラフィックス出力が表示される．

5) コマンドエリア

コマンドを実行するエリアである．コマンドエリアでは BASIC のコマンドを直接呼び出せ，このエリアで呼び出したコマンドの応答メッセージはコマンド入力行の次の行に表示される．エラーでプログラムが停止した際のメッセージもこのエリアに表示される．

6) ボタンエリア

各種ボタンが配置されている画面下部のエリアである．ボタンエリアではショートカットボタンで各機能を呼び出せる．ショートカットボタンには実行ボタンやファンクションキーなどが割り当てられている．

これらのエリアは独立したウィンドウとなっており，分割線をマウスでドラッグすることにより各エリアの大きさを変更できる．グラフィックスなどで実行結果を大きく表

示したい場合にはマウスをドラッグして実行画面エリアを大きくするとよい．

◆11.1.2◆ メニュー

メニューエリアには，図 11.3 に示すようにファイル，編集，検索，実行，デバッグ，ツール，設定，ヘルプメニューが用意されている．

1) ファイルメニュー

ファイルメニューには，プログラムファイルの操作に関する項目が用意されており，主な項目について紹介する．

①新規（N）：プログラムを新規作成する．NEW コマンドに相当する．

②開く（O）：ファイルダイアログを開き，指定した名前のファイルのプログラムを読み込む．LOAD コマンドに相当する．

③保存（S）：編集中のプログラムを同じ名前のファイルに上書き保存する．

④別名で保存（A）：ファイル保存ダイアログを開き，プログラムを別名のファイルに保存する．SAVE コマンドに相当する．

⑤プログラムのパスワード（P）：編集中のプログラムに対するパスワードを設定する．セキュリティ機能（表示を隠したり，編集できないようにする）を設定する場合のパスワードとなる．4.4 節「プログラムの保護」で説明した FILEPASSWD コマンドに相当する．

⑥印刷：現在表示中の BASIC プログラムコードを印刷する．印刷するためには Linux の印刷サービス（CUPS）が稼働している必要がある．4.5 節のプログラムの印刷に詳しく掲載している．

図 11.3　メニューエリアに用意された機能

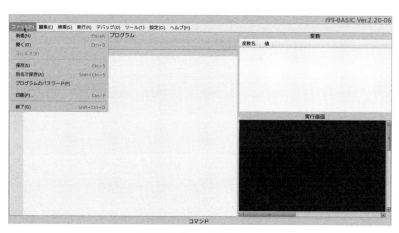

図 11.4　ファイルメニュー

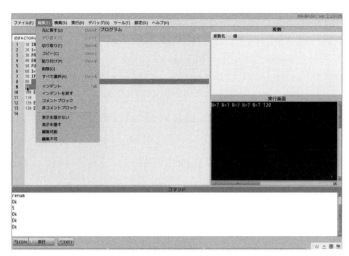

図 11.5　編集メニュー

⑦終了（Q）：i99-BASIC を終了する．電源を落とすか，Linux に戻るかを選択できる．

2） 編集メニュー

編集メニューには，プログラムエリア内の編集に関する次のような項目が用意されている．

①元に戻す（U）：Ctrl + Z ／直前の文字編集動作を元に戻す．

②やり直す（R）：Ctrl + Y ／上記で元に戻した処理をやり直す．

③切り取り（T）：Ctrl + X ／選択した文字列を切り取る．

④コピー（C）：Ctrl + C ／選択した文字列をコピーする．

⑤貼り付け（P）：Ctrl + V ／切り取り／コピーした文字列を貼り付ける．

⑥表示を隠さない：プログラムで選択した行範囲を表示する．パスワードが設定されている場合，確認を求められる．HIDDEN OFF コマンドに相当する．

⑦表示を隠す：プログラムで選択した行範囲を隠す．パスワードが設定されている場合，確認を求められる．HIDDEN ON コマンドに相当する．

⑧編集可能：プログラムで選択した行範囲を編集可能にする．パスワードが設定されている場合，確認を求められる．GUARD OFF に相当する．

⑨編集不可：プログラムで選択した行範囲を編集不可とする．パスワードが設定されている場合，確認を求められる．GUARD ON に相当する．

3） 検索メニュー

検索メニューは，プログラムエリア内の検索に関する項目が用意されている．検索の結果，該当した文字列は強調表示される．

①検索（F）：プログラム中の文字列を検索する．検索ダイアログが開き，検索文字列を指定し，該当する文字列を検索する．

②次を検索（X）：前回検索した文字列で，次に該当する文字列を検索する．

図 11.6　検索, 置換メニュー

③前を検索（V）：前回検索した文字列で, 前に該当する文字列を検索する.

④インクリメンタル検索（I）：リアルタイムに文字列を検索する. プログラムエリア上部に検索文字列入力欄が開き, 検索文字列を入力していくと, 該当する文字列をリアルタイムに検索する.

⑤置換（R）：文字列を置換する. 置換ダイアログが開き, 検索文字列と置換文字列を指定すると, 該当する文字列を置換する. 該当するすべての文字列を一度に置換することもできる.

⑥ジャンプ（L）：指定した物理行番号にジャンプする.

4）実行メニュー

実行メニューには, プログラムの動作に関する次のような項目が用意されている.

①実行（E）：プログラムを実行する. RUN コマンドに相当する.

②停止（S）：Pause/Break または Ctrl + C と同様でプログラムを停止する. プログラムの実行終了ではなく, 停止した位置の行番号が表示される.

③再開（C）：停止したプログラムを再開する. CONT コマンドに相当する.

5）デバック

デバッグメニューにはプログラムをデバッグする際に便利な項目が用意されている.

①選択行実行（X）：プログラムの選択されている行だけを実行する.

②トレース（T）：プログラムを 1 行ごとに確認しながら行番号にしたがって実行できる. SINGLETRACE コマンドに相当する.

③トレースオーバー（O）：プログラムを 1 行ごとに確認しながら実行できる. サブルーチンには入らない. SINGLETRACEOVER コマンドに相当する.

④自動トレース（A）：トレースを一定間隔で自動的に行う. TRACE コマンドに相当

11.1 統合開発環境　　161

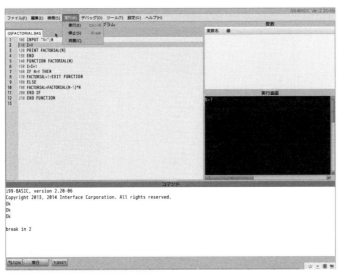

図 11.7　実行・停止・再開メニュー

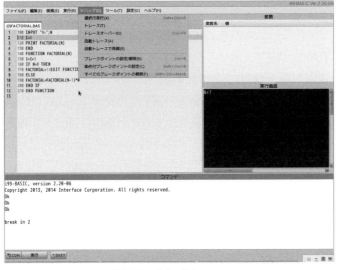

図 11.8　デバッグメニュー

する．

　⑤自動トレースで再開 (R)：停止したプログラムを自動トレースで再開する．
CONTTRACE コマンドに相当する．

　⑥ブレークポイントの設定/解除 (S)：ブレークポイントの設定/解除を行う．BREAK
コマンドに相当する．

　⑦条件付きブレークポイントの設定 (C)：ブレークポイントを条件付きで設定できる．

図 11.9　ツール（実行履歴メニュー）

6) ツールメニュー

ツールメニューは，i99-BASIC が提供する機能で次の項目が用意されている．

①実行履歴（H）

　　停止：実行履歴機能を停止する．

　　開始：プログラムの実行履歴の記録を開始する．実行履歴は実行されたプログラム行を履歴表示する機能であり，「開始」ボタンを押すと表示されるウィンドウのなかに履歴が表示される．

②実行時間の表示：1 行単位での実行時間を表示する．

7) 設定メニュー

設定メニューには，i99-BASIC の環境設定に関する次の項目が用意されている．

①システムのパスワード（P）：このシステムに設定する重要な機能に対して，保護するためにパスワードを設定できる．設定したパスワードは「自動起動プログラムの設定」などに必要となる．

②自動起動プログラムの設定：コンピュータの起動時に自動的に実行するプログラムを設定する．空の文字列""（空白）を指定すると起動プログラムがない状態になる．

8) ヘルプメニュー

ヘルプメニューには，オンラインヘルプが用意されており，次のリファレンスやマニュアルを参照できる．

「コマンドリファレンス（標準コマンド編）」

「i99-BASIC 基本マニュアル」

「i99-BASIC 導入編」

「i99-BASIC IDE 編」

図11.10　画面下部のボタンエリア

「コマンドリファレンス（システム監視コマンド編）」
「コマンドリファレンス（IO コマンド編）」
「データベース利用マニュアル」

◆11.1.3◆　ボタンエリア

画面下部のボタンエリアでは，図 11.10 に示すようにプログラムの実行，保存，読み出しなどのコマンドのショートカットキーが用意されている．

ボタンエリアでは，ショートカットボタンで各機能を呼び出せる．ショートカットボタンは上下 2 段に配置されており，上段のツールバーには CON ボタン，実行ボタン，SKEY ボタンが配置されている．下の段には，12 個のファンクションキーが割り当てられている．ファンクションキーはコンソール画面と同様のキーで出荷時に設定されている．

① CON ボタン：コンソール画面に切り替えることができる．

②実行ボタン：実行ボタンはプログラム停止中は「実行」と表示されている．ここで実行ボタンを押すとプログラムが実行開始される．これは RUN コマンドに相当する．プログラム実行中は，表示が「停止」に切り替わり，「停止」を押すとプログラムは停止する．これは Pause/Break キーや Ctrl + C を押すのと同等の操作となる．

③ SKEY ボタン：ソフトウェアキーボードを表示し，キーボードがすぐに用意できない場合に代わってキーボードとして使用することができる．

11.2　統合開発環境の使用方法

◆11.2.1◆　プログラムの入力

例題として 1 から N までの和を求めるプログラムを作成し，その計算開始時刻と終了時刻を画面表示してみよう．さらに変数 I を，ウォッチ機能を使用してウォッチし，変数エリアにその数値の変化を表示させてみよう．またプログラムの実行途中に停止させ，そこから再開してプログラムの動作状況を確認してみよう．

①統合開発環境を立ち上げた場合，あるいはファイルメニューの新規を選択すると表示されていたプログラムはクリアされ，プログラムを入力できる状態となる．

それでは，プログラムエリアで以下のプログラムを打ち込んでみよう．統合開発環境では行番号は不要である．プログラムの左上のタブには「編集中のプログラム」と表示されている．

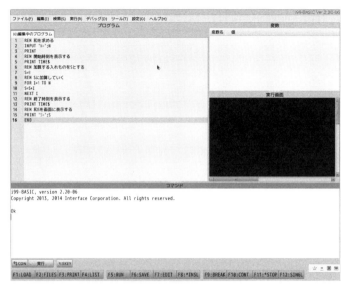

図11.11 プログラムリスト

```
'和を求める
INPUT "N=";N
PRINT
PRINT TIME$
'開始時刻を表示する
'加算する入れものをSとする
S=0
'Sに加算していく
FOR I=1 TO N
   S=S+I
NEXT I
'終了時刻を表示する
PRINT TIME$
'和Sを画面に表示する
PRINT "S=";S
END
```

②変数エリアのボタンを右クリックすると，ウォッチング変数の入力を求めるウィンドウが開く．ここで「I」と入力し，OKボタンをクリックする．変数エリアには

  I ???

と表示される．

11.2 統合開発環境の使用方法

図 11.12 ウォッチング変数の設定

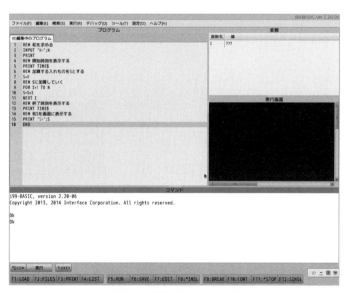

図 11.13 変数エリアに I を入力

③実行メニューを開き,「実行」を選択すると繰り返し回数 N の入力が求められる.「N = 1000」と入力し,OK ボタンをクリックすると,プログラムの実行が開始される.

④適当な時間経過後,再び実行メニューを開き,停止を選択する.コマンドエリアにプログラムが停止した行,画面例では

```
Break in 11
```

と表示され,行番号 11 でプログラムの実行が停止したことがわかる.

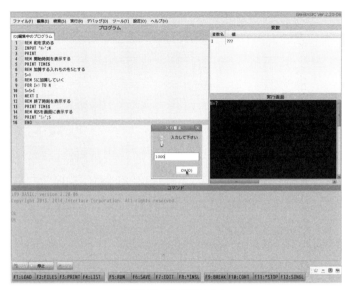

図 11.14　$N=1000$ の入力

図 11.15　プログラムの実行停止

このとき，変数エリアをみると I の値は 490 であることがわかる．

⑤再び，実行メニューを開き，再開を選択するとプログラムの実行が再開される．プログラムの実行が終了すると，計算結果が実行結果エリアに表示される．$S = 500500$ となる．

このとき，変数エリアをみると I の値は 1001 であることがわかる．

筆者の環境では，プログラムの停止を行わない場合，計算時間は 32 s であった．変数ウォッチングの機能を使用しなければ 1 から 1000 までの和の計算は 0.16 s 程度で終了し

11.2 統合開発環境の使用方法 167

図 11.16 プログラムの終了，結果の表示

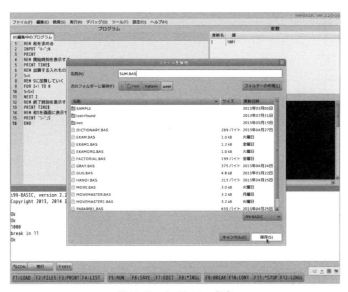

図 11.17 プログラムの保存

た．

⑥プログラムの保存は，ファイルメニューのなかの「保存」あるいは「別名で保存」を選択し，たとえば

"SUM.BAS"

とプログラム名を入力して保存をクリックする．プログラムの保存後はプログラムエリアの左上のタブの表示が「編集中のプログラム」から「SUM.BAS」に変わる．また，プ

図 11.18　編集画面も SUM.BAS に変わる

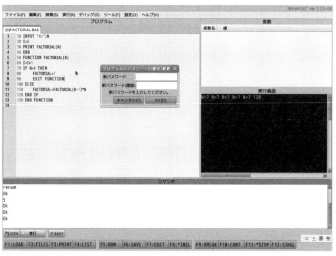

図 11.19　パスワードをつけて保存

プログラムにパスワードをつけて保存する場合にはファイルメニューのなかの項目「プログラムのパスワード」を選択すると下記に示す「プログラムのパスワードの設定/変更」のウィンドウが開き，パスワードの入力が求められる．パスワードを入力すると，コマンドエリアに「プログラムのパスワードが設定されました」というメッセージが表示される．

◆ 11.2.2 ◆　プログラムの編集

4.3 節「プログラムの保護」で SEISEKIBO.BAS という成績簿を表示するプログラムを作成し，保存した．ここで，この SEISEKIBO.BAS を読み込み，編集してみよう．

11.2 統合開発環境の使用方法

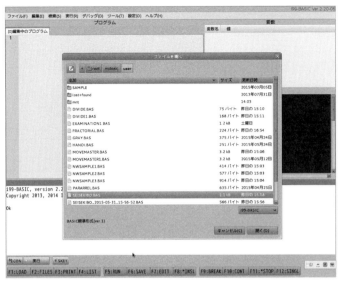

図 11.20 プログラムを開く

図 11.21 SEISEKIBO.BAS のリスト表示

このプログラムは行番号 170 から 210 までを編集不可として保存した．もとのプログラムでは，SEISEKI 構造体のメンバー変数は，ID 値（ID），名前（N$），英語の成績（EG），数学の成績（MA）であったが，さらに国語の成績を追加して 3 教科の成績を画面表示させたい．

① ファイルメニューから「開く」を選び，ファイルダイアグラムから SEISEKIBO.BAS を選択し，ファイルを開く．

② プログラムエリアに行番号 100 から 250 のプログラムリストが表示される．編集不

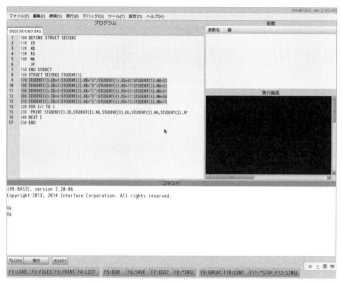

図 11.22　メンバ変数などを追加入力

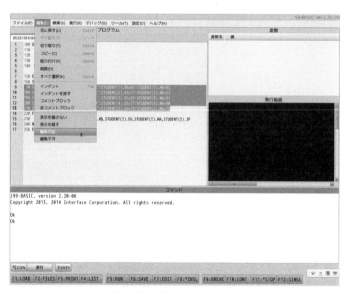

図 11.23　編集メニューを開く

可とした行番号は緑色で網掛けされて表示される．

構造体のメンバー変数は ID，N\$，EG，MA で，5 名のデータが行番号 170 から 210 に記録されている．

③ここで，行番号 140 と 150 の間にメンバー変数として国語の成績 JP を加える．

このとき，140 MA の行の MA の後ろにカーソルをおき，Enter キーを押し，行番号 140 と 150 の間に 1 行の空白行を作る．次に示すように JP と入力する．

図 11.24 パスワードを入力

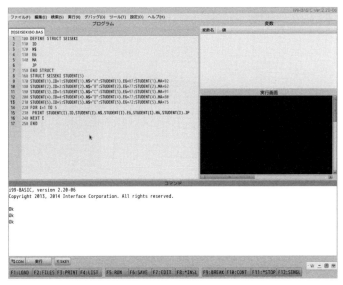

図 11.25 編集可能になる

```
100   DEFINE STRUCT SEISEKI
      .....
140   MA
      JP
150   END STRUCT
```

さらに行番号 230 の行の最後に STUDENT(I).JP を加える.

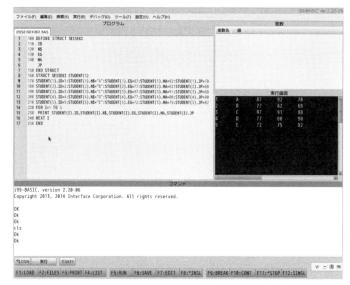

図 11.26　データを追加入力し，実行

図 11.27　再び編集不可にする

④5名の国語の成績を，行番号170から210にそれぞれ入力したい．しかし，これらのデータを入力するためには行番号170から210を編集可とする必要がある．

そこで，この行番号範囲をマウスで選択して編集メニューを開き，編集可能を選択する．このとき，パスワード入力を求められる．パスワードを入力すると行番号170から210のリストの緑色の網掛けが消えて，これらの各行の編集が可能になる．

ここで

```
:STUDENT(1).JP=70
```

```
:STUDENT(2).JP=68
:STUDENT(3).JP=88
:STUDENT(4).JP=90
:STUDENT(5).JP=82
```

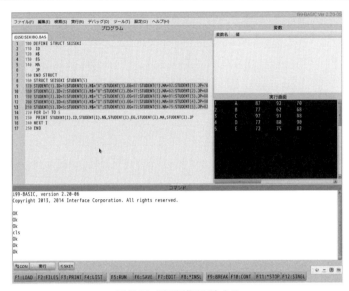

図 11.28　再び編集不可となる

を，それぞれの行番号に加える．

⑤データを追加して，プログラムを実行すると実行結果エリアに5名の3教科の成績が表示される．

⑥作成したプログラムを保存する前に再び行番号170から210までの成績簿の部分を編集不可とする．ファイルメニューを開き，「別名で保存する」を選択する．

図のようにファイル名の入力画面が現れ，新たなファイル名「SEISEIKIBO追加.BAS」を入力してプログラムを保存する．

◆11.2.3◆　プログラムのデバッグ

第5章で説明した階乗を計算するプログラムを用いてデバッガ，ツールの使用法について説明する．

ファイルダイアログから「開く」を選び，ファイルダイアログから「FACTORIAL.BAS」を選択し，ファイルを開く．

「FACTORIAL.BAS」のBASICプログラムリストがプログラムエリアに展開表示される．ここで再帰回数を確認するために

```
I=0
I=I+1
```

を挿入し，コマンドエリアで

```
renum 100
```

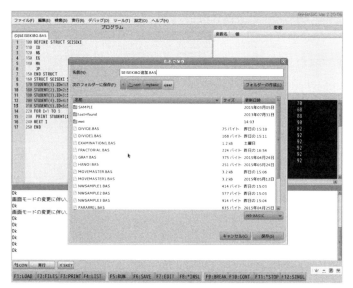

図 11.29 SEISEKIBO 追加.BAS として保存

とすると以下のプログラムとなる．

```
1    100 '階乗の計算
2    110 INPUT "N=";N
3    120 I=0
4    130 PRINT N,FACTORIAL(N)
5    140 END
6    150 'Nの階乗の計算を定義する
7    160 FUNCTION FACTORIAL(N)
8    170 I=I+1
9    180 'N=0のとき,FACTORIAL(0)=1として関数計算を抜ける
10   190 IF N=0 THEN
11   200     FACTORIAL=1
12   210     EXIT FUNCTION
13   220 ELSE
14   230     FACTORIAL=FACTORIAL(N-1)*N
15   240 END IF
16   250 END FUNCTION
```

①変数ウォッチ

プログラムの流れをみるために2つの変数 I と N をウォッチする．変数名ボタンを右クリックすると

"1行追加","すべて削除"

11.2 統合開発環境の使用方法　175

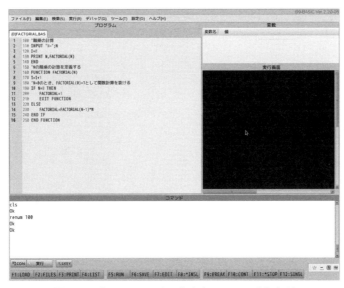

図 11.30　プログラムリストの表示（I=0，I=I+1 を加える）

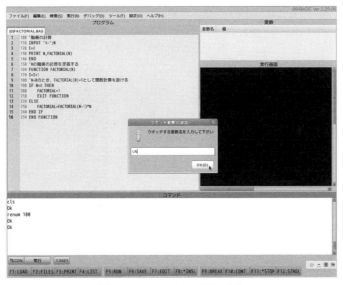

図 11.31　ウォッチする変数の入力

と表示されるので

　　"1行追加"

を選択する．すると，

　　"ウォッチする変数を入力してください"

というウィンドウが開く．ここで，I,N と入力し，OK ボタンをクリックする．

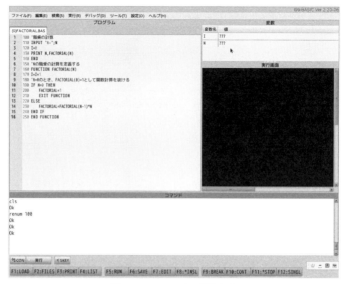

図 11.32 ウォッチの準備完了

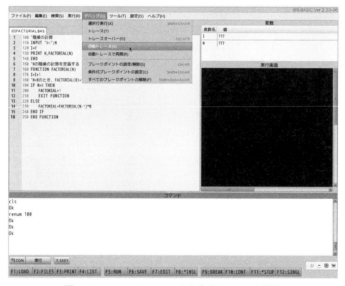

図 11.33 デバッグメニューから自動トレースを選択

変数エリアには

    I   ???
    N   ???

と表示され，変数ウォッチの準備が完了する．

それでは，実際にプログラム実行時にどのような順（物理行番号順，行番号順）でプログラムが実行されるのかをデバッガーやツールを利用して調べてみよう．

②トレース

階乗計算を行うプログラムがプログラムエリアに表示され，プログラムの開始を待っている状態では，行番号 100 のリストコードが緑色に網掛けされている．

ここで，デバッグメニューを開き，トレースを選択すると行番号 100 を実行し，緑の網掛け表示は行番号 110 に移り，プログラムは停止する．再び，トレースを選択すると行番号 110 が実行され，繰り返し，トレースを選択すると実行される行番号とリストが次々に緑で網掛け表示される．

いっぽう，自動トレースを選択すると，トレースが自動的に行われ，緑の網掛け表示により，プログラムの動きが視覚的に確認できる．この例では，行番号 110 の実行で N の値を入力すると作成したプログラムに従って行番号が実行され，トレースされる．同時に I と N の数値変化もみることができる．

最後に実行結果エリアに計算結果が表示され，プログラムの実行が終了する．

③実行履歴

次にプログラムがどのような動きをするのか，その実行履歴を残したい場合について説明する．このとき，ツールダイアログを開き，「実行履歴」を選択する．このとき，「停止」と「開始」の2つのサブメニューが現れるので，「開始」をチェックすると，「実行履歴」というラベル名の小さなウィンドウが開く．

ここでプログラムの実行を開始する．N を入力し，実行結果エリアに計算結果を表示し，プログラムの実行は終了する．実行履歴のウィンドウを画面いっぱいに広げると実際のプログラムの実行順序の詳細が表示できる．

④ブレークポイント

プログラムの実行中に停止させたい場合には，ブレークポイントを利用するとよい．たとえば，行番号 200 を選択した後，デバッグメニューを開き，「ブレークポイントの設

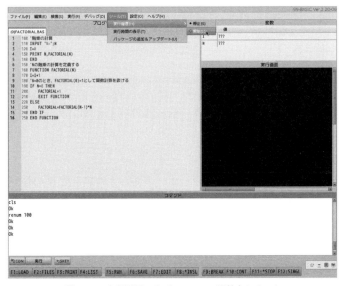

図 11.34 実行履歴のサブメニューの開始をクリック

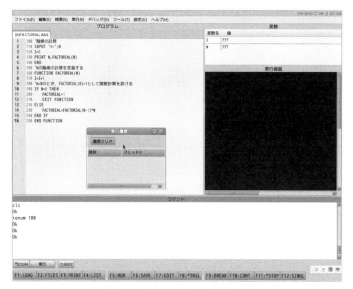

図 11.35 実行履歴表示の準備完了

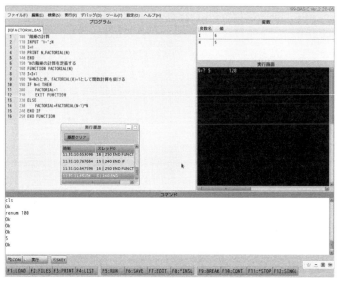

図 11.36 プログラムの実行終了

定/解除」を選択する．

　階乗計算のプログラムでは，キーボードから入力された N の値が小さくなり，$N = 0$ のとき，行番号 200 を実行し，プログラムが終了・停止する．

　「ブレークポイント」を行番号 200 に設定すると行番号 200 の先頭に赤い○印がつき，ブレークポイントが設定されたことがわかる．

　実行メニューを開き，「実行」を選択し，プログラムの実行を開始し，キーボードから N の値を入力し，プログラムの実行が再開され，行番号 200 でプログラムの実行が停止

図 11.37　実行履歴の表示画面を拡大

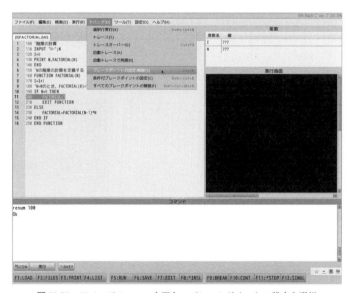

図 11.38　デバッグメニューを開き，ブレークポイントの設定を選択

する．このとき，コマンドエリアには

　　Break in 11

と表示され，変数エリアの I, N は

　　I=6,N=0

となっていることがわかる．さらに実行メニューを開き，プログラムの実行を再開すると $N = 1, 2, \cdots, 5$ と変化し，プログラムの実行が終了する．

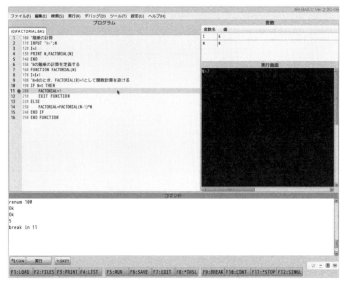

図 11.39 ブレークポイントで停止(ブレークポイントの設定後,プログラムを実行)

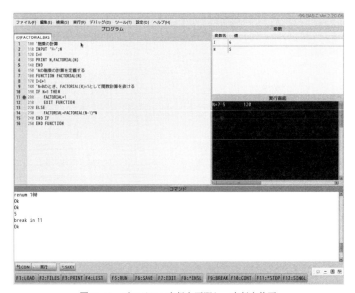

図 11.40 プログラム実行を再開し,実行を終了

◆11.2.4◆ 検索機能を利用する

　プログラムエリアに表示されているプログラムは平面2関節ロボットの手先の位置を2つの関節角を与えて計算し,その X,Y 座標の値を実行結果エリアに表示するとともにリンクの姿勢をグラフィックスで表すものである.

```
100   '平面2関節ロボットの順運動学"FKINEMATICS.BAS"
110   CLS 3
120   PI=3.14159
```

```
130    DRAWSTYLE ORIGINPOS=1
140    '関節角度の入力
150    INPUT "Theta1=,Theta2";TH1,TH2
160    PRINT USING "Th1=###.# Th2=###.#";TH1,TH2
170    TH1=PI/180*TH1:TH2=PI/180*TH2
180    L1=5000:L2=5000
190    '座標軸の表示
200    RECTANGLE (500,400)-(400,400)
210    CIRCLE (500,400),10
220    '関節1と関節2の座標値の計算
230    X1=L1*COS(TH1):Y1=L1*SIN(TH1)
240    X2=L1*COS(TH1)+L2*COS(TH1+TH2):Y2=L1*SIN(TH1)
       +L2*SIN(TH1+TH2)
250    '手先の位置座標
260    PRINT USING "X=####.# Y=####.#";X2,Y2
270    '関節1と関節2の位置の表示
280    CIRCLE (500+X1/5,400+Y1/5),10
290    CIRCLE (500+X2/5,400+Y2/5),10
300    'リンク1とリンク2の表示
310    LINE (500,400)-(500+X1/5,400+Y1/5)
320    LINE (500+X1/5,400+Y1/5)-(500+X2/5,400+Y2/5)
330    END
```

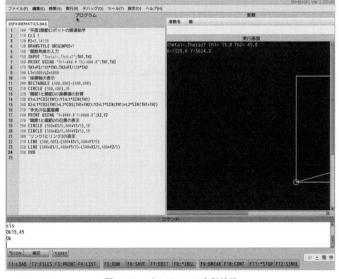

図 11.41 プログラムの実行結果

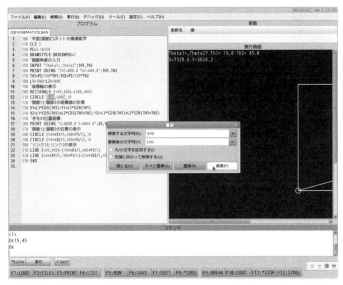

図 11.42 検索メニューを開き，置換する数値を入力

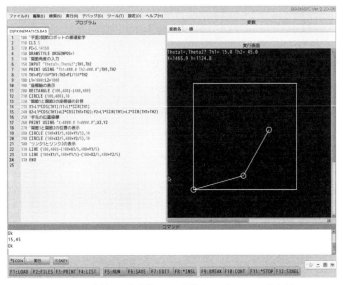

図 11.43 定数 500 を定数 100 に置換し，プログラムを実行

このプログラムは最初表示画面の大きいコンソール画面で作成したもので，統合開発環境で実行すると，図 11.41 に示すようにグラフィックス表示が実行結果エリアからはみだしてしまう．そこで座標軸原点の位置を左側に移動（原点の X 座標を小さく）して，グラフィックス表示部が実行結果エリア内におさまるようにする．具体的にはプログラムリストの原点の X 座標の値を 500 から 100 に置き換える．

まず，検索メニューを開き，たとえば置換を選択すると，検索対象となる数値，記号，および置き換える数値，記号を入力するためのダイアログが開く．

ここで，検索対象を 500，置換する数値を 100 として，検索ボタンをクリックすると

プログラムリスト内にある 500 という候補すべてに黄色く網掛けがかかる．

最初からすべての 500 を 100 に置き換える場合，検索を省略して，すべて置換を選択すると一度に 500 が 100 に置き換わる．最後にダイアログを閉じて終了する．

候補となるそれぞれの 500 について 1 つずつ確認しながら置換する場合は，置換というボタンをクリックすると 1 つずつ 100 に置き換えることができる．

たとえば，行番号付きのプログラムの場合，行番号 500 が存在すれば行番号が 100 に置き換わってしまうので注意を要する．一度に置換するのではなく，1 つずつ確認しながら置き換えていくのが望ましい．

数値定数 500 を 100 に置き換えてプログラムを実行すると，実行結果エリア内にグラフィックスが表示される．

◆11.2.5◆ グラフィックスを利用する

統合開発環境で，第 6 章でとりあげた DRAW.BAS と GUG.BAS を実行してみよう．図 11.44 に示すように DRAW.BAS での実行結果は実行結果エリアに表示される．また，GUG.BAS による実行結果は新たなウィンドウが生成され，グラフィックスが表示される．

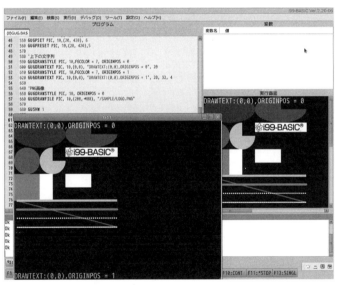

図 11.44 IDE でのグラフィックス表示

COLUMN_07　BASIC でロボットを動かす■

　広島工業大学工学部知能機械工学科がスタートしたのは 2000（平成 12）年である．3 年次後期の工学実験では，三菱電機製のムーブマスターを用いてロボットの手先の位置と姿勢を与え，ロボットの関節角を手計算させてその関節角をプログラムにキーボード入力させ，ロボットを駆動する実験を行った．マイクロソフトの QUICK BASIC 4.5 を用いて手計算した関節角度を入力し，ロボットの姿勢をグラフィックスで画面表示させた．正しい位置・姿勢かどうかをチェックして RS232C 通信を用いて駆動装置に関節角データを送信してロボットを動かした．

付録　i99-BASIC コマンド一覧

標準コマンド

■i99-BASIC メイン操作に関する関数・命令

AUTO コンソール画面で入力時，行番号を自動的に発生します．

BREAK カーソル行にブレークポイントを設定／解除します．

CLS 画面をクリアします．

COLOR 表示する文字の文字色・背景色を変更します．

CONFIG i99-BASIC の設定を行います．

CONSOLE コンソール画面のファンクション・ツールバーの表示を切り替えます

CONT STOP またはブレークポイントによって停止したプログラムを再開します．

CONTTRACE STOP またはブレークポイントによって停止したプログラムを自動トレースで再開します．

COPY 画面のコピーを印刷します．

CSRLIN テキスト画面上の現在のカーソル位置（Y座標）を返します．

DATA READ で読み込まれる数値定数，文字定数を定義します．

DELETE プログラムリストの指定範囲を削除します．

DSKF ディスクの空き容量を KB 単位で返します．

EDIT コンソール画面で，指定された行を画面上に表示し，Page Up / Page Down キーなどによるプログラム編集を可能にします．

END プログラムを終了します．

ERL 最後に発生したエラーの行番号を返します．

ERM$ 最後に発生したエラーメッセージを返します．

ERR 最後に発生したエラーコードを返します．

ERROR エラー発生のシミュレート，エラーコードのユーザー定義を行います．

FILEPASSWD プログラムのパスワード設定確認ダイアログを起動します．

GUARD ON / OFF プログラムリストの指定範囲を編集不可に設定します．

HELP SHOW マニュアルを表示します．

HIBERNATE システムをハイバネートします．

HIDDEN ON / OFF プログラムリストの指定範囲を隠し行に設定します．

KEY ファンクションキーに文字列を割り付けます．

KEY LIST ファンクションキーに割り付けられている文字列のリストを表示します．

LIST メモリにあるプログラムの全部，または一部を表示します．

LLIST メモリにあるプログラムの全部，または一部を印刷します．

LOAD ファイルのプログラムをメモリにロードします．

LOCATE カーソルの位置を変更します．

LPAGE LPRINT したデータをプリンタに出力します．

LPRINT, LPRINT USING 文字列や数値等のデータをプリンタに出力します．

NEW メモリにあるプログラムを抹消し，変数を初期化します．

POS テキスト画面上の現在のカーソル位置（X座標）を返します．

POWER ON 自動起動プログラムを登録します．

QUIT, SYSTEM i99-BASIC を終了します．

READ DATA で用意した数値や文字のデータを読み込み，変数に代入します．

REBOOT, NEW ON システムを再起動します．

REM,' プログラムにコメントを入れます．

RENUM プログラムの行番号を新しく付け直します．

RESTORE READ で読み込む DATA 行の先頭行を指定します．

RUN メモリのプログラムを実行します．

SAVE メモリのプログラムをファイルに保存します．

SHELL 外部プログラムを呼び出します．

SHUTDOWN システムをシャットダウンします．

SINGLETRACE メモリのプログラムをステップインでシングルトレース実行します．

SINGLETRACEOVER メモリのプログラムをステップオーバーでシングルトレース実行します．

SLEEP 指定の秒数の間だけ休止します．

USLEEP, MSLEEP 指定の時間単位の間だけ休止します．

STOP プログラムの実行を一時中断します．

TRACE メモリのプログラムを指定の待ち時間を挟んで自動トレース実行します．

TRON/TROFF プログラムの実行状態を追跡します．

WATCH モニタする変数を指定します．

VER$ i99-BASIC のバージョンを返します．

■数値・文字列に関する関数・命令

ABS 絶対値を返します．

ASC 文字のキャラクターコードを返します．

ASCB 文字の先頭の1バイトデータを返します．

ATN 逆正接を返します．

BIN$ 10進数を2進数の文字列に変換します．

BOOL 論理型変数を宣言します．

CDBL 単精度整数値，倍精度整数値，単精度実数値を，倍精度実数値に変換します．

CHR$ 指定したキャラクターコードが持つ文字列を返します．

CHRB$ 指定したバイトデータ値を持つバイトデータ文字列を返します．

CINT 倍精度整数値，単精度実数値，倍精度実数値を，単精度整数値に変換します．

CLEAR すべての変数を初期化します．

CLNG 単精度整数値，単精度実数値，倍精度実数値を，倍精度整数値に変換します．

CONST 定数を宣言します．

CONST BOOL 論理型定数を宣言します．

COS 余弦を返します．

CSNG 単精度整数値，倍精度整数値，倍精度実数値を，単精度実数値に変換します．

CVD 文字列を数値データに変換します．

CVI 文字列を数値データに変換します．

CVL 文字列を数値データに変換します．

CVS 文字列を数値データに変換します．

DATE$ = "文字列" 日付を設定します．

DATE$ 日付を返します．

DATECALC$ 指定日から指定日数を加減算した日を返します．

DATEDIFF 指定日1から指定日2までの日数を返します．

DATENUM 指定日を日数に換算して返します．

DAY 指定日の日を返します．

DEFBOL 指定された文字で始まる変数を論理型に定義します．

DEFDBL 指定された文字で始まる変数を倍精

度実数型に定義します。
DEFINE STRUCT~END STRUCT 構造体を宣言します。
DEFINT 指定された文字で始まる変数を単精度整数型に定義します。
DEFLNG 指定された文字で始まる変数を倍精度整数型に定義します。
DEFSNG 指定された文字で始まる変数を単精度実数型に定義します。
DEFSTR 指定された文字で始まる変数を文字型に定義します。
ENUM-END ENUM 列挙型定数を宣言します。
EXP 底がeである指数関数の値を返します。
FIRSTDAY$ 指定日の月初日を返します。
FIX 引数の整数部分を返します。
GRP$ 指定したグラフィック文字を返します。
HEX$ 10進数を16進数の文字列に変換します。
HOUR 指定時刻の時を返します。
INKEY$ 押されているキーの情報を得ます。
INSTR 文字列中の指定文字列を検索します。
INT 引数を超えない最大の整数値を返します。
JUDGE 判定式の値判定を行います。
LASTDAY$ 指定日の月末日を返します。
LCASE$ 文字列中の大文字（半角英字）を小文字に変換します。
LEFT$ 文字列の左側から任意の長さの文字列を抜き出します。
LEFTB$ 文字列の左側から任意のバイト数分の文字列を抜き出します。
LEN 文字列の長さを文字数で返します。
LENB 文字列の長さをバイト数で返します。
LET 変数に値を代入します。
LINSTR 文字列中の指定文字列を検索し，その数を返します。
LOCAL ローカル変数を宣言します。
LOCAL BOOL 論理型ローカル変数を宣言します。
LOCAL CONST ローカル定数を宣言します。
LOCAL CONST BOOL 論理型ローカル定数を宣言します。
LOCAL ENUM~END ENUM 列挙型ローカル定数を宣言します。
LOCAL STRUCT ローカル構造体変数を宣言します。
LOG 自然対数を返します。
LTRIM$ 文字列の前から全半角スペースを削除します。
MID$ = "文字列" 文字列の一部を置き換えます。
MID$ 文字列の中から任意の長さの文字列を抜き出します。
MIDB$ ="文字列" 文字列の一部をバイト単位で置き換えます。
MIDB$ 文字列の中から任意のバイト数分の文字列を抜き出します。

MINUTE 指定時刻の分を返します。
MKD$ 数値データを，数値の内部表現に対応した文字列に変換します。
MKI$ 数値データを，数値の内部表現に対応した文字列に変換します。
MKL$ 数値データを，数値の内部表現に対応した文字列に変換します。
MKS$ 数値データを，数値の内部表現に対応した文字列に変換します。
MONTH 指定日の月を返します。
OCT$ 10進数を8進数の文字列に変換します。
RANDOMIZE 新しい乱数系列を設定します。
REPLACE$ 文字列中の指定文字を別の文字列に置き換えます。
RIGHT$ 文字列の右側から任意の長さの文字列を抜き出します。
RIGHTB$ 文字列の右側から任意のバイト数分の文字列を抜き出します。
RND 0以上1未満の乱数を返します。
ROUND 指定数値を指定位置で四捨五入します。
RTRIM$ 文字列の後から全半角スペースを削除します。
SECOND 指定時刻の秒を返します。
SGN 符号を調べます。
SIN 正弦を返します。
SPACE$,SPC 任意の数の空白文字を返します。
SPRIT$ 区切文字列から文字列を区切り，1次元配列の文字列を生成します。
SQR 平方根を返します。
STR$ 数値を文字列に変換します。
STRCOMP 2つの文字列を比較した結果を返します。
STRCOMPB 2つのバイナリ文字列を比較した結果を返します。
STRDEL$ 文字列の中から任意の位置から指定した文字長の文字列を削除します。
STRDELB$ 文字列の中から任意の位置から指定したバイト長の文字列を削除します。
STRING$ 任意の文字を任意の数だけ連結した文字列を返します。
STRINS$ 文字列の中から任意の位置に文字列を挿入します。
STRINSB$ 文字列の中から任意の位置にバイトデータ文字列を挿入します。
STRUCT 構造体変数を宣言します。
SWAP 2つの整数の値を入れ替えます。
TAB 出力対象行の任意の位置まで空白を出力します。
TAN 正接を返します。
TIME$ = "文字列" 時刻を設定します。
TIME$ 時刻を返します。
TIMECALC 指定時刻から指定秒数を加減算した時刻を返します。
TIMEDIFF 指定時刻1から指定時刻2までの

秒数を返します。
TIMENUM 指定時刻を秒数に換算して返します。
TIMER 紀元（1970-01-01 00:00:00 (UTC)）からの経過秒数を返します。
TRIM$ 文字列の前後から全半角スペースを削除します。
TRUNC 指定数値を指定位置で切り捨てます。
UCASE$ 文字列中の小文字（半角英字）を大文字に変換します。
USING$ 文字列や数値等を指定した書式に変換します。
VAL 文字列表記の数値を実際の数値に変換します。
WEEK 指定日の曜日を返します。
WEEKS 指定日が今年の第何週目かを返します。
YEAR 指定日の年を返します。

■配列に関する関数・命令
CDIM 配列の次元数を返します。
DIM 配列変数を宣言します。
ERASE 配列変数を削除します。
LDIM 配列の要素数を返します。
SEARCH 配列変数の中から指定された値を持つ要素を返します。
SPLIT 文字列を指定した区切り文字で分割し，配列変数へ格納します。

■繰り返し・条件分岐に関する関数・命令
DO ~ LOOP DOからLOOPまでの区間中にある一連の命令を，無条件に繰り返して実行します。
DO~LOOP UNTIL DOからLOOPまでの区間中にある一連の命令を，指定条件を満たさない（FALSE）間，繰り返して実行します。
DO~LOOP WHILE DOからLOOPまでの区間中にある一連の命令を，指定条件を満たす（TRUE）間，繰り返して実行します。
DO UNTIL~LOOP DOからLOOPまでの区間中にある一連の命令を，指定条件を満たさない（FALSE）間，繰り返して実行します。
DO WHILE~LOOP DOからLOOPまでの区間中にある一連の命令を，指定条件を満たす（TRUE）間，繰り返して実行します。
EXIT DO DO～LOOP文の繰り返しから脱出します。
EXIT FOR FOR～NEXT文の繰り返しから脱出します。
EXIT WHILE WHILE～WEND文の繰り返しから脱出します。
FOR ~ TO ~ STEP ~ NEXT FORからNEXTまでの区間中にある一連の命令を，繰り返して実行します。
IF ~ THEN ~ ELSE ~ END IF 式の値の条件判定を行います。

SELECT CASE ~ END SELECT　式の値と続く CASE 文に従い，処理を分岐します．

WHILE ~ WEND　WHILE から WEND までの区間中にある一連の命令を，指定条件を満たす（TRUE）間，繰り返します．

■ファイル・フォルダに関する関数・命令

ATTR$　ファイルの属性を返します．
CHAIN　メモリ上のプログラムからファイル上のプログラムへ実行を移します．
CHDIR　作業フォルダを変更します．
CLOSE　ファイルをクローズします．
COMMON　CHAIN 実行時に移されたプログラムに変数を引き継ぎます．
DIREXISTS　フォルダが存在するか確認し，結果を返します．
EOF　ファイルの終了コードを調べます．
FIELD　ランダムバッファにフィールド変数を割り当てます．
FILECMP　ファイルを比較します．
FILECOPY　ファイルをコピーします．
FILEEXISTS　ファイルが存在するか確認し，結果を返します．
FILES　指定されたフォルダにあるファイルの名前を出力します．
FIND　指定されたファイルの中から指定された文字列を探し，該当行を出力します．
FINPUT　ファイルのデータを変数に入力します．
FINPUT ALL　ファイルの全データを変数に入力します．
FPRINT, FPRINT USING　文字列や数値等のデータをファイルに出力します．
GET　ファイルのデータをランダムバッファに読み込みます．
GREP　指定されたフォルダにあるファイルの中から指定された文字列を探し，該当行を出力します．
INCLUDE　メモリ上のプログラムから，ファイルのプログラムを参照できるように追加します．
INFILE　ファイル中の指定文字列を検索し，見つかった行を返します．
INPUT　キーボードやファイルから入力されたデータを変数に代入します．
INPUT$　キーボードやファイルから指定された長さの文字列を読み込みます．
KILL　ファイルを削除します．
LINE FINPUT　ファイルから1行単位のデータを文字型変数に代入します．
LINE INPUT　キーボードやファイルから入力された1行単位のデータを文字型変数に代入します．
LINFILE　ファイル中の指定文字列を検索し，その行数を返します．
LOC　ファイル内の論理的な現在位置を返します．
LOF　ファイルの大きさを返します．
LSET　ランダムバッファのフィールドに左詰めでデータを代入します．
MKDIR　フォルダを作成します．
NAME　ファイル / フォルダの名前を変更します．
OPEN　ファイルをオープンします．
PRINT, ?, PRINT USING　文字列や数値等のデータを画面，またはファイルに出力します．
PUT　ランダムバッファのデータをファイルに書き出します．
RMDIR　フォルダを削除します．
RSET　ランダムバッファのフィールドに右詰めでデータを代入します．
SET　ファイルの属性を設定します．
SPOOL ON/OFF　コンソールの出力内容をファイルに書き出します．
USERFS RW/RO　ユーザ領域の書き込み許可・禁止を切り替えます．
WIDTH　画面やファイルに対して1行の長さを指定します．
WRITE　文字列や数値等のデータを画面，またはファイルに出力します．

■サブルーチンに関する関数・命令

(ラベル):　サブルーチンのラベルを設定します．
CALL SUB~END　SUB で定義したサブルーチンを呼び出します．
DEF FN　ユーザ定義関数を定義します．
FUNCTION ~ END FUNCTION　ユーザ定義関数を定義します．
EXIT FUNCTION　ユーザ定義関数から脱出します．
EXIT SUB　引数を使用するサブルーチンから脱出します．
GOSUB　指定したラベル名または行番号のサブルーチンを呼び出します．
GOTO　指定したラベル名または行番号へ移動し，そこからプログラムを実行します．
KEY ON/OFF/STOP　ファンクションキーによる割り込みの許可，禁止，停止を指定します．
ON ERROR GOSUB　エラーが発生した際に分岐するサブルーチンを定義します．
ON ERROR GOTO　エラーが発生した際の移動先を定義します．
ON ERROR RESUME NEXT　エラーが発生した際に次の行から再開するよう定義します．
ON KEY GOSUB　ファンクションキー押下により分岐するサブルーチンを定義します．
ON STOP GOSUB　Pause/Ctrl + C キー押下により分岐するサブルーチンを定義します．
ON TIME$ GOSUB　指定時刻に分岐するサブルーチンを定義します．
ON TIMER GOSUB　指定間隔で分岐するサブルーチンを定義します．
ON ~ GOSUB　指定したいずれかのサブルーチンを呼び出します．
ON ~ GOTO　指定したいずれかの行へ移動し，そこからプログラムを実行します．
RESUME ON ERROR　GOTO 処理を終了し，指定の移動先からプログラムを再開します．
RETURN　サブルーチンを終了し，元のプログラムに処理を戻します．
STOP ON/OFF/STOP　Pause/Ctrl + C キーによる割り込みの許可，禁止，停止を指定します．
SUB~END SUB　引数を使用するサブルーチンを定義します．
TIME$ ON/OFF/STOP　TIME$ 割り込みの許可，禁止，停止を指定します．
TIMER ON/OFF/STOP　TIMER 割り込みの許可，禁止，停止を指定します．

■スレッドに関する関数・命令

ATTACH THREAD　スレッドを作成します．
DETACH THREAD　スレッドを終了します．
SELECT THREAD　指定のスレッドをカレントにします．
THREAD STATUS　スレッドの状態を取得します．
THREAD INFO　スレッドの情報を取得します．

■グラフィック描画に関する関数・命令

ARC　コンソール画面に円弧を描画します．
CIRCLE　コンソール画面に円を描画します．
DRAWFILE　コンソール画面に指定ファイルの画像を描画します．
DRAWSTYLE　図形描画のスタイルを設定します．
DRAWTEXT　コンソール画面に文字を描画します．
LINE　コンソール画面に線分を描画します．
PRESET　コンソール画面に描画された点を消去します．
PSET　コンソール画面に点を描画します．
RECTANGLE　コンソール画面に矩形を描画します．

■Linux 連携に関する関数・命令

SHMLOW OPEN　共有メモリを使用開始します．
SHMLOW CLOSE　共有メモリを使用終了します．
SHMLOW WRITE　共有メモリに値を書き込みます．
SHMLOW READ　共有メモリから値を読み取ります．

■その他の関数・命令
ASSERT 式を評価し，結果が偽の場合にエラーとします．
CLOCK 経過時間の指標となる値を秒単位で得ます．
HOSTNAME$ システムのホスト名を取得します．
MSGBOX メッセージボックスを表示します．

■ネットワークに関する関数・命令（i99-BASIC専用）
NWOPEN ネットワークインタフェースを作成します．
NWCLOSE ネットワークインタフェースを削除します．
NWSEND ネットワークインタフェースからデータを送信します．
NWRECV$ ネットワークインタフェースからデータを受信します．
NWRECVTIME NWRECV$ コマンドによる受信待ちタイムアウト間隔を設定します．
NWMYNAME ホスト（自分のコンピュータ）の名前を設定します．
NWCONFBUF ネットワーク共有バッファを設定します．
NWSETBUF ネットワークインタフェースへ割り当てた共有バッファへデータを出力します．
NWGETBUF$ ネットワークインタフェースへ割り当てた共有バッファからデータを取得します．
NW ON/OFF/STOP i99-BASIC専用通信の受信による割り込みの許可，禁止，停止を指定します．
ON NW GOSUB i99-BASIC専用通信の受信により分岐するサブルーチンを定義します．
NWGETMAC$ ネットワークインタフェースのMACアドレスを取得します．

■ネットワークに関する関数・命令（ソケット互換）
NWIFCONFIG ネットワークインタフェースの設定を行います．
NWIFCONFIG$ ネットワークインタフェースの設定を取得します．
NWSOCKET ネットワーク通信で使用するソケットを作成します．
NWCLOSESOCK ソケットを削除します．
NWLISTEN ソケットを接続待ち（サーバ）にします．
NWACCEPT クライアントからの接続要求を受け付けます．
NWCONNECT サーバにソケットを接続します．
NWSENDSOCK ソケットからデータを送信します．
NWRECVSOCK$ ソケットからデータを受信します．
NWSENDFILE ソケットからファイルを送信します．
NWRECVFILE ソケットからファイルを受信します．
NWRECVTIME NWRECVSOCK$，NWRECVFILEによる受信待ちタイムアウト間隔を設定します．
NWGETSNAME$ ソケットのIPアドレス：ポート番号を取得します．
NWGETPNAME$ ソケットに接続している相手のIPアドレス：ポート番号を取得します．
NWSETMULTICAST ソケットにマルチキャスト送信の設定をします．
NWADDMEMBERSHIP ソケットをマルチキャストグループに参加させます．
NWDROPMEMBERSHIP ソケットをマルチキャストグループから脱退させます．
NWSENDMAIL メールサーバからメールを送信します．
NWMAILLOF メールサーバからメッセージ件数を取得します．
NWMAILLIST メールサーバからメッセージ番号を取得します．
NWMAILGET$ メールサーバからメールを取得します．
NWMAILDEL メールサーバからメールを削除します．
NWPING ICMPエコー要求を送信します．
NWARP$ IPアドレスに対応するMACアドレスを取得します．
NWMOUNT 外部コンピュータの共有フォルダを自フォルダにマウントします．
NWUMOUNT 共有フォルダのマウントを解除します．
NWWAKEONLAN, NWWOL Wake-On-Lanマジックパケットを送信します．
SOCKET ON/OFF/STOP ソケット通信の受信による割り込みの許可，禁止，停止を指定します．
ON SOCKET GOSUB ソケット通信の受信により分岐するサブルーチンを定義します．

■GUIに関する関数・命令
@FONT = "文字列" GUI部品の表示コマンドの引数として使用する環境変数です．表示される文字列のフォントを設定，変更する際に使用します．
@FONT 環境変数@FONTに設定された値を返します．
@SIZE = "文字列" GUI部品の表示コマンドの引数として使用する環境変数です．表示されるGUI部品の大きさを設定，変更する際に使用します．
@SIZE 環境変数@SIZEに設定された値を返します．
@POSI = "文字列" GUI部品の表示コマンドの引数として使用する環境変数です．表示されるGUI部品の位置を設定，変更する際に使用します．
@POSI 環境変数@POSIに設定された値を返します．
@TIP = "文字列" GUI部品の表示コマンドで使用する環境変数です．マウスポインタがGUI部品上に来た際に，表示される内容を設定する際に使用します．
@TIP 環境変数@TIPに設定された値を返します．
GUADD CMB 指定したGUI部品のコンボボックスにリストを追加します．
GUADD RDO ラジオボタンの領域にラジオボタンを追加します．
GUADD SCR 指定したGUI部品にスクロールバーを追加します．
GUADD TAB タブにページを追加します．
GUADD TBL GUI部品のテーブルにGUI部品を配置します．
GUBTN 指定したウィンドウにGUI部品のボタンを配置します．
GUCHK 指定したウィンドウにGUI部品のチェックボックスを配置します．
GUCMB 指定したウィンドウにGUI部品のコンボボックスを配置します．
GUDEL 指定したGUI部品を削除します．
GUDSP 指定したGUI部品を表示あるいは非表示にします．
GUGET$ 指定したGUI部品の表示内容を取得します．
GUGETMS マウスの情報を取得します．
GUIMG 指定した画像データをウィンドウに貼り付けます．
GULBL 指定したウィンドウにGUI部品のラベルを配置します．
GUMOV 指定したウィンドウを，指定位置に移動します．
GURDO 指定したウィンドウにGUI部品のラジオボタンの領域を作成します．
GUSCALE 指定したウィンドウにGUI部品のスケールを配置します．
GUSHW 指定したウィンドウを表示します．
GUSWITCH 指定したウィンドウにGUI部品のスイッチを配置します．
GUTAB タブを表示する領域を作成します．
GUTBL 指定したウィンドウにテーブルを配置します．
GUTXA 指定したウィンドウにテキストエリアを配置します．
GUTXT 指定したウィンドウにテキストボックスを配置します．
GUUPD GUI部品の表示内容を更新します．
GUWIN ウィンドウを作成します．
ON GUEVT ~ GOSUB ~ 指定したGUI部品

をクリックした時に実行する処理ルーチンの開始行を定義します．
GUPIC タブを表示する領域を作成します．
GUGARC GUPICで生成した画像領域に対して，円弧を描画します．
GUGCIRCLE GUPICで生成した画像領域に対して，円を描画します．
GUGCLS GUPICで生成した画像領域に対して，画面をクリアします．
GUGCOLOR GUPICで生成した画像領域に対して，表示する図形の前景色・背景色を変更します．
GUGDRAWFILE GUPICで生成した画像領域に対して，指定ファイルの画像を描画します．
GUGDRAWSTYLE GUPICで生成した画像領域に対して，図形描画のスタイルを設定します．
GUGDRAWTEXT GUPICで生成した画像領域に対して，文字を描画します．
GUGLINE GUPICで生成した画像領域に対し，線分を描画します．
GUGPLOT HISTOGRAM GUPICで生成した画像領域に対して，棒グラフを描画します．
GUGPLOT PIE GUPICで生成した画像領域に対して，円グラフを描画します．
GUGPREET GUPICで生成した画像領域に対して，描画された点を消去します．
GUGPSET GUPICで生成した画像領域に対して，点を描画します．
GUGRECTANGLE GUPICで生成した画像領域に対して，矩形を描画します．
GUGWAVE GUPICで生成した画像領域に対して，波形グラフを描画します．

■ **i99-REAL連携に関する関数・命令**
SHMSET 共有メモリのサイズを設定します．
SHMGET 共有メモリのサイズを取得します．
SHMWRITE 共有メモリへ書き込みを行います．
SHMREAD 共有メモリのデータを取得します．
FIFOSET FIFOの最大件数を設定します．
FIFOGET FIFOのサイズを取得します．
FIFOCLEAR FIFOへ書き込みを行います．
FIFOPUSH FIFOへ書き込みを行います．
FIFOPOP FIFOのデータを取得します．

ON FIFOEVT GOSUB FIFOにデータが書き込まれた時に実行する処理ルーチンの開始行を定義します．
EXTLOAD ファイルのプログラムをメモリにロードします．
EXTRUN メモリのプログラムを実行します．
EXTSTOP プログラムの実行を一時中断します．
EXTCONT プログラムの実行を再開します．
EXTSTATUS プログラムの実効状態を返します．
EXTSELECT 「EXT〜系」命令の制御対象を設定します．

■ **データベースに関する関数・命令**
@DBINFO = "文字列" DBOPENコマンドで用いる環境変数です．データベース接続情報を設定する際に使用します．
@DBINFO 環境変数@DBINFOに設定された値（データベース名）を返します．
DBOPEN データベース上のテーブルを開きます．
DBCLOSE 指定したファイル番号のテーブルを閉じます．
DBEOF テーブルの終了コードを調べます．
DBLOC テーブル内の現在位置（何行目）を得ます．
DBLOF テーブルの大きさ（行数）を得ます．
DBWHERE テーブル内のデータを絞り込みます．
DBORDER テーブル内のデータを並び替えます．
DBFIELD テーブル内の列データに指定した変数を割り当てます．
DBGET テーブル内のデータをDBFIELDで割り当てた変数へ読み込みます．
DBPUT 変数のデータをテーブルへ書き込みます．
DBTRANS トランザクションを処理します．
DBSETOPT データベース接続時のオプションを設定します．

■ **帳票作成に関する関数・命令**
RPCRT 出力先を指定のサーフェイスに変更します．

RPDEL CAO PDFへの出力を完了します．
RPFILL パスの内部を塗りつぶします．塗りつぶした後は，そのパスをクリアします．
RPIMGSFC CRT PNG形式の画像ファイルを読み込み，サーフェイスを作成します．
RPLINE 現在の座標から指定座標までパス（直線）を引きます．
RPMOVE 始点を指定の座標に移動します．
RPPAINT RPSET SRC, SFCにより設定されたソースの内容を描画します．
RPPAINTA RPSET SRC, SFCにより設定されたソースの内容を透明度付きで描画します．
RPPDF SFC PDF形式のサーフェイスを作成します．
RPRCTG 四角形のパスを引きます．
RPROTATE 指定した角度だけ出力文字列または画像を回転します．
RPSET FONTF フォントの選択と，そのフォントの傾きと太さを指定します．
RPSET FONTS フォントのサイズを指定します．
RPSET LINE, CAP 線端の種類を指定します．
RPSET LINE, JOIN 線分の接続の種類を指定します．
RPSET LINE, WIDTH 線分の太さを指定します．
RPSET LINESPC 行間のサイズを指定します．
RPSET SRC, RGB 色を指定します．
RPSET SRC, RGBA 透明度を持った色を指定します．
RPSET SRC, SFC サーフェイスをソースとして設定します．
RPSFC DEL 指定サーフェイスを削除します．
RPSHWPAGE 現在のページを書き出し，クリアします．複数ページの文書を作成する際に使用します．
RPSHWTXT 文字列を描画します．
RPSTRK パスを描画します．描画後は，そのパスをクリアします．

IOコマンド

多くのIOコマンドは引数をもつものが多いが，ここでは引数についての詳細な説明は割愛させていただき，コマンドの機能の概略のみ記す．詳細については（株）インタフェースのホームページに掲載されているコマンドリファレンス（IOコマンド編）をみていただきたい．

■ **DIコマンド一覧**
DIOPEN デバイスをオープンします．
DICLOSE デバイスをクローズします．
DIPORT ディジタルデータを入力します．（値をbit毎に返します．）
DIPORTS ディジタルデータを入力します．（値をバイナリ値で返します．）
DISTATUS ディジタルデータの入力サンプリング状態を取得します．

`DISTART` ディジタルデータの入力サンプリングを開始します。
`DISTOP` ディジタルデータの入力サンプリングを停止します。
`ON DI ~ GOSUB` 割込み分岐先を設定します。
`DIEVENTCONFIG` 割込みを制御します。
`DIEVENT` 割込みの状態を取得します。
`DI ON` 割込みを有効にします。
`DI OFF` 割込みを無効にします。
`DI STOP` 割込みを保留にします。

■ DO コマンド一覧

`DOOPEN` デバイスをオープンします。
`DOCLOSE` DO デバイスをクローズします。
`DOPORT` ディジタルデータを出力します。（値は bit 毎に設定します。）
`DOPORTS` ディジタルデータを出力します。（値をバイナリ値で設定します。）
`DOSTATUS` 連続出力の状態を取得します。
`DOSTART` ディジタルデータの連続出力を開始します。
`DOSTOP` ディジタルデータの連続出力を停止します。
`DODATA` ディジタルデータの連続出力データを設定します。
`ON DO ~ GOSUB` 割込み分岐先を設定します。
`DOEVENTCONFIG` 割込みを制御します。
`DOEVENT` 割込みの状態を取得します。
`DO ON` 割込みを有効にします。
`DO OFF` 割込みを無効にします。
`DO STOP` 割込みを保留にします。

■ AI コマンド一覧

`AIOPEN` デバイスをオープンします。
`AICLOSE` デバイスをクローズします。
`AIRANGE` レンジを設定します。
`AIPORT` アナログデータを 1 件入力します。
`AIDIPORT` 汎用入力を行います。（値を bit 毎で返します。）
`AIDIPORTS` 汎用入力を行います。（値を bitmap で返します。）
`AIDOPORT` 汎用出力します。（値を bit 毎に設定します。）
`AIDOPORTS` 汎用出力します。（値をバイナリ値で設定します。）
`AITRIGGER` トリガ条件を設定します。
`AISTATUS` サンプリングの状態を取得します。
`AISTART` サンプリングを開始します。
`AISTOP` サンプリングを停止します。
`AIDATA` サンプリングデータを取得します。
`ON AI ~ GOSUB` 割込み分岐先を設定します。
`AIEVENTCONFIG` 割込みを制御します。
`AIEVENT` 割込みの状態を取得します。
`AI ON` 割込みを許可します。
`AI OFF` 割込みを禁止します。
`AI STOP` 割込みを保留します。

■ AO コマンド一覧

`AOOPEN` デバイスをオープンします。
`AOCLOSE` デバイスをクローズします。
`AORANGE` レンジを設定します。
`AOPORT` アナログデータを 1 件出力します。
`AODIPORT` 汎用入力を行います。（値を bit 毎に返します。）
`AODIPORTS` 汎用入力を行います。（値をバイナリ値で返します。）
`AODOPORT` 汎用出力します。（値を bit 毎に設定します。）
`AODOPORTS` 汎用出力します。（値をバイナリ値で設定します。）
`AOTRIGGER` トリガ条件を設定します。
`AOSTATUS` 連続出力の状態を取得します。
`AOSTART` 連続出力を開始します。
`AOSTOP` 連続出力を停止します。
`AODATA` 連続出力データを設定します。
`ON AO ~ GOSUB` 割込み分岐先を設定します。
`AOEVENTCONFIG` 割込みを制御します。
`AOEVENT` 割込みの状態を取得します。
`AO ON` 割込みを許可します。
`AO OFF` 割込みを禁止します。
`AO STOP` 割込みを保留します。

■ UART コマンド一覧

`COMOPEN` COM ポートをオープンします。
`COMCLOSE` COM ポートをクローズします。
`COMSEND` データを送信します。
`COMRECV$` データを受信します。
`COMRECV` データを受信します。
`COMMODEMLINE` 制御信号を操作します
`COMMODEMLINE` 制御信号を操作します
`COMRECVSIZE` 受信バッファ内のデータサイズを返します。

■ UCNT コマンド一覧

`UCNTOPEN` デバイスをオープンします。
`UCNTCLOSE` デバイスをクローズします。
`UCNTPORT` カウンタを読み出します。
`UCNTPORT` カウンタに値を設定します。
`UCNTCOMPARATOR` 比較カウンタの値を取得します。
`UCNTCOMPARATOR` 比較カウンタへ値を設定します。
`UCNTCLEAR` カウンタをクリアします。
`UCNTSTART` サンプリングをスタートします。
`UCNTSTOP` サンプリングを停止します。
`UCNTDATA` サンプリングデータを取得します。
`ON UCNT` 割込み分岐先を設定します。
`UCNT ON` 割込みを許可します。
`UCNT OFF` 割込みを禁止します。
`UCNT STO` 割込みを保留します。
`UCNTEVENTCONFIG` 割込みを制御します。
`UCNTEVENT` 割込みの状態を取得します。
`UCNTSTATUS` サンプリングの状態を取得します。

著者略歴

西[にし]本[もと] 澄[きよし]

1950年 広島県に生まれる
1978年 東京大学大学院工学系研究科
　　　　博士課程修了
現　在　広島工業大学工学部教授
　　　　工学博士

楽しく学べるBASICプログラミング
　―i99-BASICによる計測・制御システム開発入門―

定価はカバーに表示

2016年1月25日　初版第1刷

著　者　西　本　　　澄
発行者　朝　倉　邦　造
発行所　株式会社　朝　倉　書　店

東京都新宿区新小川町6-29
郵便番号　162-8707
電話　03(3260)0141
FAX　03(3260)0180
http://www.asakura.co.jp

〈検印省略〉

© 2016〈無断複写・転載を禁ず〉　　新日本印刷・渡辺製本

ISBN 978-4-254-12213-8　C 3041　　Printed in Japan

JCOPY　〈(社)出版者著作権管理機構　委託出版物〉

本書の無断複写は著作権法上での例外を除き禁じられています．複写される場合は，そのつど事前に，(社)出版者著作権管理機構(電話 03-3513-6969, FAX 03-3513-6979, e-mail: info@jcopy.or.jp)の許諾を得てください．